地球の悲鳴
Earth's Reverberating Cries

環境問題の本100選
100 Selected Works' Analysis of Environmental Issues

陽 捷行

アサヒビール株式会社発行■清水弘文堂書房編集発売

地球の悲鳴

目次

環境問題の本100選

Earth's Reverberating Cries

Analysis of 100 Environmental Issues Related Works

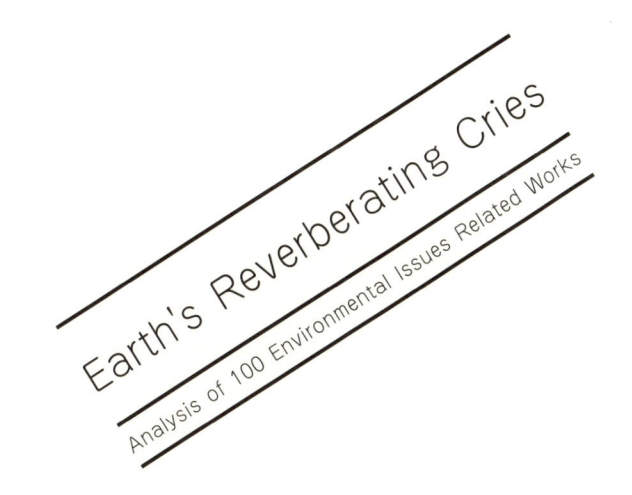

はじめに　12

生態系を破壊する小さなインベーダー　16
クリス・ブライト著　福岡克也監訳　環境文化創造研究所訳　家の光協会

わが国の失われつつある土壌の保全をめざして――レッド・データ土壌の保全　21
日本ペドロジー学会

失われた森　レイチェル・カーソン著　リンダ・リア編　古草秀子訳　集英社　24

自然と科学技術シリーズ　地下水の硝酸汚染と農法転換――流出機構の解析と窒素循環の再生　31
小川吉雄著　農山漁村文化協会

生命と地球の共進化　NHKブックス　川上紳一著　日本放送出版協会　32

水不足が世界を脅かす　35
サンドラ・ポステル著　福岡克也監訳　環境文化創造研究所訳　家の光協会

地球を守る環境技術100選　改訂版　公害対策技術同友会　43

農山漁村と生物多様性　宇田川武俊編　農林水産技術情報協会監修　家の光協会　44

鎮守の森　宮脇昭・板橋興宗著　新潮社　46

大気環境学――地球の気象環境と生物環境　真木太一著　朝倉書店　48

Earth System Science From Biogeochemical Cycles to Global Changes　51
Michael Jacobson et al., Academic Press

酸性雨研究と環境試料分析――環境試料の採取・前処理・分析の実際　佐竹研一編　愛智出版　53

共生生命体の30億年 リン・マーギュリス著 中村桂子訳 草思社

化学物質は警告する——「悪魔の水」から環境ホルモンまで 常石敬一著 洋泉社

現代日本生物誌11 マングースとハルジオン——移入生物とのたたかい 服部正策・伊藤一幸著 岩波書店

アジア環境白書2000/01 日本環境会議「アジア環境白書」編集委員会編 東洋経済新報社

Trace Gas Emissions and Plants 微量ガス発生と植物 Ed. SN. Singh, Kluwer Academic Publishers

生命誌の世界 中村桂子著 日本放送出版協会

宇宙は自ら進化した——ダーウィンから量子重力理論へ リー・スモーリン著 野本陽代訳 日本放送出版協会

縄文農耕の世界——DNA分析で何がわかったか 佐藤洋一郎著 PHP研究所

農的循環社会への道 篠原孝著 創森社

水と生命の生態学——水に生きる生物たちの多様な姿を追う 日高敏隆編 講談社

リスク学事典 日本リスク研究学会編 TBSブリタニカ

Cadmium in Soils and Plants Eds. M.J. Mclaughlin and B.R. Singh, Kluwer Academic Publishers

環境の哲学——日本思想を現代に活かす 桑子敏雄著 講談社学術文庫

1万年目の「人間圏」 松井孝典著 ワック株式会社

53　55　56　58　61　62　63　65　66　68　69　72　73　73

環境土壌物理学――耕地生産力の向上と地球環境の保全 Ⅲ 環境問題への土壌物理学の応用 ダニエル・ヒレル著 岩田進午・内嶋善兵衛監訳 農林統計協会	75
社会的共通資本 宇沢弘文著 岩波書店	77
地球温暖化の日本への影響2001 環境省地球温暖化問題検討委員会編	84
環境と文明の世界史――人類史20万年の興亡を環境史から学ぶ 石 弘之・安田喜憲・湯浅赳男著 洋泉社	98
環境の人類誌 岩波講座 文化人類学第2巻 青木 保・内堀基光・梶原景昭・小松和彦・清水昭俊ほか編 岩波書店	99
データで示す 日本土壌の有害金属汚染 浅見輝男著 アグネ技術センター	100
持続可能な農業への道 大日本農会叢書3 大日本農会	101
化学物質と生態毒性 若林明子著 産業環境管理協会 丸善	103
世界の環境危機地帯を往く マーク・ハーツガード著 忠平美幸訳 草思社	105
Soils and Environmental Quality Eds. G.M. Pierzynski, J.T. Sims and G.F. Vance, CRC Press	106
全予測 環境&ビジネス 三菱総合研究所編著 ダイアモンド社	107
Environmental Restoration of Metals-Contaminated Soils Ed. I.K. Iskandar, Lewis Publishers	108
大気環境変化と植物の反応 野内 勇編著 養賢堂	110
	111

農業における環境教育 平成12年度環境保全型農業推進指導事業 全国農業協同組合連合会・全国農業協同組合中央会編 家の光協会	113
生ごみ・堆肥・リサイクル 岩田進午・松崎敏英著 家の光協会	114
レスター・ブラウンの環境革命——21世紀の環境政策をめざして レスター・ブラウン編著 松野弘監修 ワールドウォッチジャパン訳 朔北社	116
農から環境を考える——21世紀の地球のために 集英社新書 原剛著 集英社	117
内分泌かく乱物質問題36のQ&A 日本化学工業協会エンドクリンワーキンググループ編 中央公論事業出版	118
昆虫と気象 気象ブックス 桐谷圭治著 成山堂書店	119
有機物の有効利用 Q&A 上村幸廣著 鹿児島県農業試験場	120
OECDリポート 農業の多面的機能 OECD著 空閑信憲・作山巧・菖蒲淳・久染徹訳 農山漁村文化協会	122
環境保全と新しい施肥技術 安田環・越野正義著 養賢堂	123
環境考古学のすすめ 丸善ライブラリー349 安田喜憲著 丸善	124
水俣病の科学 西村肇 岡本達明著 日本評論社	125
共生の思想——自他の衝突と協調 丸善ライブラリー313 藤原鎮男著 丸善	130
熱帯土壌学 久馬一剛編 名古屋大学出版会	132
中山間地と多面的機能 田渕俊雄・塩見正衛編著 農林統計協会	133

環境の時代を読む　宮崎公立大学公開講座4
宮崎公立大学公開講座広報委員会編　宮崎公立大学　134

エコ・エコノミー　レスター・ブラウン著　福岡克也監訳　北濃秋子訳　家の光協会　135

ワールドウォッチ研究所　地球白書 2002/03
クリストファー・フレイヴィン編著　エコ・フォーラム21世紀日本語版監修
地球環境財団／環境文化創造研究所日本語版編集協力　家の光協会　140

環境学の技法　石　弘之編　東京大学出版会　145

Restoration of Inland Valley Ecosystems in West Africa
Eds., S. Hirose and T. Wakatsuki, Association of Agriculture & Forestry Statistics　147

Nitrogen in the Environment; Sources, Problems, and Management
Eds., R.F. Follett and J.L. Hatfield, Elsevier　149

Climate Change: Implications for the Hydrological Cycle and for Water Management
Ed. Martin Beniston, Kluwer Academic Publishers　151

環境保全型農業　10年の取り組みとめざすもの　平成13年度環境保全型農業推進指導事業
全国農業協同組合連合会・全国農業協同組合中央会編　家の光協会　152

Global estimates of gaseous emissions of NH$_3$, NO and N$_2$O from agricultural land
IFA and FAO, Rome　154

農業にとって進歩とは　人間選書58　守田志郎著　農山漁村文化協会　155

The Nitrogen Cycle at Regional to Global Scales,
Report of the International SCOPE Nitrogen Project
Eds., E.W. Boyer and R.W. Howarth, Kluwer Academic Publishers　157

反近代の精神　遊学叢書27　熊沢蕃山・大橋健二著　勉誠出版	159
私の地球遍歴――環境破壊の現場を求めて　石 弘之著　講談社	161
多文明共存時代の農業　人間選書241　高谷好一著　農山漁村文化協会	166
A Better Future for the Planet Earth —— Lectures by the Winners of the Blue Planet Prize　The Asahi Glass Foundation	169
ガイアの時代　ガイアの科学――地球生命圏の進化　ジェームズ・ラヴロック著　スワミ・プレム・プラブッダ訳　工作舎	171
地球生命圏　ガイアの科学　J・E・ラヴロック著　スワミ・プレム・プラブッダ訳　工作舎	174
自然の中の人間シリーズ　農業と人間編　全10巻　西尾敏彦編　農山漁村文化協会	177
農業技術を創った人たち　西尾敏彦著　家の光協会	194
環境科学の歴史1　科学史ライブラリー　ピーター・J・ボウラー著　小川眞里子・財部香枝・桑原康子訳　朝倉書店	196
講座 文明と環境 第1巻　地球と農業　西尾道徳・守山 弘・松本重男編著　農山漁村文化協会	198
農学基礎セミナー　環境と農業　小泉 格・安田喜憲編　朝倉書店	199
講座 文明と環境 第2巻　地球と文明の画期　伊東俊太郎・安田喜憲・梅原 猛編　朝倉書店	201
朝日選書　世界の森林破壊を追う――緑と人の歴史と未来　石 弘之著　朝日新聞社	202
ダイオキシン――神話の終焉　シリーズ地球と人間の環境を考える02　渡辺 正・林 俊郎著　日本評論社	204

講座 文明と環境 第3巻 農耕と文明――循環する海と森　梅原 猛・安田喜憲編集　小泉 格編　飛鳥企画　朝倉書店	206
日本海学の新世紀3――循環する海と森　小泉 格編　飛鳥企画　角川書店	208
生命40億年全史　リチャード・フォーティ著　渡辺政隆訳　草思社	210
エコ・エコノミー時代の地球を語る　レスター・ブラウン著　福岡克也監訳　北濃秋子訳　家の光協会	211
ワールドウォッチ研究所　地球白書 2003/04　クリストファー・フレイヴィン編著　エコ・フォーラム21世紀日本語版監修　地球環境財団・環境文化創造研究所日本語版編集協力　家の光協会	213
新・生物多様性国家戦略――自然の保全と再生のための基本計画　環境省編　ぎょうせい	214
環境負荷を予測する――モニタリングからモデリングへ　長谷川周一・波多野隆介・岡崎正規編　博友社	216
土壌の神秘――ガイアを癒す人びと　ピーター・トムプキンズ　クリストファー・バード著　新井昭廣訳　春秋社	218
地球の水が危ない　岩波新書　高橋 裕著	220
大日本農会叢書 4　環境保全型農業の課題と展望――我が国農業の新たな展開に向けて　大日本農会編　熊澤喜久雄・中川昭一郎・西尾敏彦 ほか著　大日本農会	221
雑誌『生物の科学 遺伝』別冊17　地球温暖化――世界の動向から対策技術まで　大政謙次・原沢英夫・遺伝学普及会編　裳華房	226
農業生態系における炭素と窒素の循環　独立行政法人農業環境技術研究所編　養賢堂　農業環境研究叢書 第15号	227

プランB──エコ・エコノミーをめざして　レスター・ブラウン著　北城恪太郎監訳　ワールドウォッチジャパン　229

食料と環境　環境学入門7　大賀圭治著　岩波書店　233

地球白書 2004/05　ワールドウォッチ研究所　クリストファー・フレイヴィン編著　エコ・フォーラム21世紀 日本語版編集監修　地球環境財団・環境文化創造研究所 日本語版編集協力　家の光協会　235

環境危機をあおってはいけない──地球環境のホントの実態　ビョルン・ロンボルグ著　山形浩生訳　文藝春秋　237

文明の環境史観　安田喜憲著　中公叢書　中央公論新社　239

環境リスク学──不安の海の羅針盤　中西準子著　日本評論社　240

農業本論　新渡戸稲造著　東京裳華房　242

アサヒ・エコブックス11 カナダの元祖・森人たち──グラシイ・ナロウズとホワイトドッグの先住民『カナダのミナマタ?!』映像野帖　礒貝浩著　アサヒビール発行　清水弘文堂書房編集発売　244

安全と安心の科学　村上陽一郎著　集英社新書　集英社　259

成長の限界──人類の選択　ドネラ・H・メドウズほか著　枝廣淳子訳　ダイヤモンド社　266

文明崩壊──滅亡と存続の命運を分けるもの（上・下）　ジャレド・ダイアモンド著　楡木浩一訳　草思社　272

フード・セキュリティー──だれが世界を養うのか　レスター・ブラウン著　福岡克也監訳　ワールドウォッチジャパン　280

□本文中の各書籍のISBN表記は新旧併記。（　）内が旧表記□

STAFF

□
PRODUCER 礒貝 浩（清水弘文堂書房社主）
DIRECTOR あん・まくどなるど（宮城大学助教授）
CHIEF EDITOR & ART DIRECTOR 礒貝 浩
DTP EDITORIAL STAFF 小塩 茜（清水弘文堂書房葉山編集室）
COVER DESIGNERS 二葉幾久 黄木啓光 森本恵理子
□
アサヒビール株式会社「アサヒ・エコ・ブックス」総括担当者 名倉伸郎（環境担当執行役員）
アサヒビール株式会社「アサヒ・エコ・ブックス」担当責任者 竹田義信（社会環境推進部部長）
アサヒビール株式会社「アサヒ・エコ・ブックス」担当者 竹中 聡（社会環境推進部）

※この本は、オンライン・システム編集と新DTP（コンピューター編集）でつくりました。
※本書の用語表記に関しましては、著者の意向により「アサヒ・エコブックス」シリーズの統一方式と一部ことなる部分があります。

地球の悲鳴

ASAHI ECO BOOKS 16

環境問題の本100選

陽 捷行

アサヒビール株式会社発行□清水弘文堂書房発売

はじめに

陽 捷行

大地から、海原から、そして天空から痛切な悲鳴が聞こえる。土壌浸食、砂漠化、重金属汚染、地下水汚染、熱帯林の伐採、鳥インフルエンザなどの悲鳴は大地から、富栄養化、エルニーニョ現象、赤潮、青潮、原油汚染、浮遊物汚染、海面上昇などは海原から、さらに温暖化、オゾン層破壊、酸性雨、大気汚染などは天空から。悲鳴の原因は数知れない。大地と海原と天空は、まちがいなく病んでいる。

これらの地球環境の変動に対して、多くの国や組織や個人が、政治や経済や産業や医療や教育や倫理や哲学や、そして芸術までが、なべて躍起になって現象の解明や対策に苦慮している。人の生命を最優先にし、環境と経済が調和できる視座を求めて。

それを求めるためには、「われわれは、どこからきて、今どこにいて、これからどこに行こうとしているのか」が問われる。この命題は、人、集団、組織、社会全体にいつもつきまとうものだ。

20世紀とは一体なんであったのか。おそらく、科学技術の大発展とそれに付随した成長の魔力に取り憑かれた世紀と言えるのではないか。ここで言う成長とは、あらゆる意味の

物的な拡大を意味する。人口、食料生産、自動車、工業製品の増大、さらにはエネルギー、化石燃料の消費増大など枚挙にいとまがない。

このような成長を支える科学技術はわずか100年前にはじまり、その後、肥大・拡散し世界の大きな潮流となり、20世紀の後半を駆け抜けた。この歴史の潮流のなかで、われわれ人類は数多くのものを豊かに造り、その便利さを享受してきた。

その結果、なにが起こったか。松井孝典は、『宇宙の歴史に学ぶ』のなかで地球の分化論についておおむね次のようなことを指摘している。地球などで異なる物質圏が生まれることを分化という。分化とは、一般に均質なものが異質なものに分かれることを言う。地球における物質圏の分化は、46億年前の混沌から大気圏、水圏、生物圏、地圏、土壌圏を生みだしていった。このように観ると、宇宙も地球も生命もその歴史を通じて分化していることがわかる。これをひとつのシステムに例えれば、システムが安定化すると表現してもよい。こうした宇宙という時空スケールから現代という時代を特徴づけるとすれば、人間圏とでも称されるべき新しい物質圏が分化した時代と定義できる。人間圏の大きさは拡大し続けている。地球上には今や66億の人口が所狭しと生存している。そのため、あらゆる物的拡大は今も続いている。新しい物質圏が生まれることによって、地球システムの物質循環やエネルギーの流れが変わり、環境が変化する。

この間、われわれは宇宙から地球を眺める俯瞰的な視点を獲得し、大地や海原や天空の

悲鳴を知り、地域や地球の環境問題を認識するに至った。俯瞰的とは、木を見る視点に対して森を見る視点だ。これによって、われわれが時空スケールで、どこからきて、どこに行こうとしているかという認識を獲得するにいたった。

ところで、現実の日々のなかで「環境」とはなんだろうか。それは自然と人間との関係に関わるもので、環境が人間を離れてそれ自体で善し悪しが問われているわけではない。両者の関係は、人間が環境をどのように観るか、環境に対してどのような態度をとるか、そして環境を総体としてどのように価値づけるかによって決まる。すなわち、環境とは人間と自然の間に成立するもので、人間の見方や価値観が色濃く刻み込まれるものだ。

だから、人間の文化を離れた環境というものは存在しない。となると、環境とは自然であると同時に文化であり、環境を改善するとは、とりもなおさずわれわれ自身を変えることに繋がる。われわれ自身を変えるとはなにか。人口増加、食糧不足、生産性低下、環境悪化という現象のなかで環境倫理の意識をもつことだろう。土や水や大気や生物にも生存権があるという意識を持たないかぎり、自然はわれわれに反逆する。そのことは、すでに地球温暖化やオゾン層破壊や土壌侵食などに表れている。

となると、21世紀のわれわれに期待されるものはなにか。それは、環境倫理のもとに20世紀に獲得した技術と俯瞰的認識で、あらたな知を獲得することであろう。新たな知とはなにか。20世紀に得られた知を「技術知」と呼ぶならば、あらたな知とは「統合知」であ

ろう。統合知とは、これまで得られた「技術知」と俯瞰的認識で得たあるいはこれから得る「生態知」を統合した知である。

このような念 (おも) いで、農業環境技術研究所と独立行政法人農業環境技術研究所の『情報─農業と環境』、北里大学学長室通信の『情報─農と環境と医療』へ、環境にかかわる「本の紹介」を数多く書いてきた。幸いにも、この「本の紹介」が清水弘文堂書房社主の礒貝浩氏と、「アサヒ・エコ・ブックス・シリーズ」ディレクターのあん・まくどなるど氏 (宮城大学助教授) の目に留まった。おふたりの好意をありがたく受け、ここに『地球の悲鳴─環境問題の本100選』と題して、アサヒビール株式会社から本書を出版することになった。出版にあたっては、清水弘文堂書房編集室の小塩 茜さんと北里大学学長室の田中悦子さんにもお世話になった。ここに名前を記すことで、関係していただいた皆さまにお礼申しあげたい。

なお、数点の選書は書き下ろし、またほかの選書は原文を加筆・修正したものであることをお断りしておく。

2007年3月10日

生態系を破壊する小さなインベーダー

クリス・ブライト著　福岡克也監訳　環境文化創造研究所訳

家の光協会　1999年　1995円（226ページ　B6判）ISBN：9784259545741（4259545744）

□価格は税込価格、以下同様□価格を明示していない著作は政府刊行物や自費出版など□

原著の題名は、『Life Out of Bounds』（1998）。著者は、環境問題の記者と雑誌編集者を経て、1994年からワールドウォッチ研究所の準研究員、現在は、同研究所の主任編集者として活躍中。また、年次刊行物の『地球白書』の執筆者でもある。監訳者は、地球環境財団理事長や日本地域学会会長などを務めている環境問題の大家、福岡克也氏。なお、氏は農業環境技術研究所が参画しているプロジェクト「農林水産業及び農林水産貿易と資源・環境に関する総合研究　第4系　主要国の資源・環境に与える影響の評価」の評価委員でもある。

ワールドウォッチ研究所の所長レスター・ブラウン氏は、日本語での出版に寄せて次のようなことを書いている。「みなさんがこれから読もうとしている本は、この生命体の移動と、それがもたらす生態学的な被害について明確な確認をしていただくためにかかれたものである。その被害は、外来種が異常繁殖するという形でもたらされる。外来種とは、原産地以外の生態系、つまり自身が進化を遂げてきた生態系とは別の生態系に入り込んだ生物のことである。外来種が新しい場所で定着すると、個体数の急増が起こりうる。その過程で、生存に欠かせない資源をめ

ぐる争いで在来種を圧倒し、その繁殖を妨げる可能性がある。それが微生物であれば、伝染病のきっかけになりうるし、捕食動物であれば、在来種を捕食し、駆逐してしまうかもしれない」「世界の生態系を保全する必要性と貿易活動のバランスをどう保つか。これが、本書が提示する基本的な問いかけである。経済の健全さは、明らかに高度な国際貿易に依存している。しかし、生態系の健全さも、この惑星の生物の大半を、自然に発生した場所にとどめておけるかどうかにかかっていることも確かである。この二つの必要性のバランスを取ることは、新しい世紀の環境分野の大きな課題の一つになると思われる」

著者のブライト氏は、冒頭の謝辞で次のことを書いている。「人間の活動がウイルスであれ雑草であれ、地球の生命体をどのように"撹乱"しているか、生物種の混合が人間社会と自然界になぜ害を及ぼすことになるのか、という問題だ。一般の人々に私たちと一緒にこの問題を考えてもらいたいと思った。本書はその延長線上にある」

現在、世界中に広がりつつある鳥インフルエンザの問題は、この警告の深刻な例であろう。鳥インフルエンザがヒトインフルエンザに変化しないことを祈るのみだ。

内容は、次のような構成で展開される。

第1部・第1章　逆行する進化

地球上の生物群は、数世紀前から外来種によって混乱している。今日、その混乱はますますひどくなっている。ここでは、外来種の侵入による生態学的影響、文化的影響および社会的影響が語られる。侵入した外来種が新たな環境でどのような影響を及ぼすのか。侵入していった外来種

はたんに在来種にとって代わるだけでなく、それ以上の影響を及ぼすことが説かれる。ひとつの例を紹介する。野生生物の管理官が1970年ごろ、コカニーサケ（湖水に陸封されたベニザケ）の餌を増やす目的でモンタナ州フラットヘッド川の水系にアミの類の小エビ（オポッサムシュリンプ）を導入した。コカニーサケもまた、よそから導入された種であった。このサケは水面近くで餌を食べる習性があるのだが、小エビは夜にしか水面に上がってこなかったので、サケにはこの餌を見ることができなかった。このため、サケは小エビを食べられなかったが、小エビのほうはサケの稚魚が餌としているプランクトンを食べ尽くしてしまった。その結果、サケの個体数は激減し、サケを餌にしていたクマ、猛禽類、そのほかの動物が姿を消した。小さなエビが、空高く舞うワシを餓死させたのである。

第2部は、おもに生態系プロセスとしての侵入を取り上げている。第2、3、4章では、大きな3つの生態系とそれに密接に関わる一次産業について概観する。すなわち、草原と農業、森林と林業、海洋・河川・湖沼と漁業である。第5章では、侵入によってもっとも大きな被害を受ける「島」について検証し、問題全体のモデルとして提示される。

第2部・第2章　草原

　農業などによる侵入者と草原の関係が数多く紹介される。カラスノチャヒキと動物の激減、豆科のグリシンの雑草化、アワノメイガやコロラドハムシの逆侵入など様々な例が紹介される。また、現在おおいに議論されているバイオテクノロジーによるBt作物の話も展開されている。

第2部・第3章　森林

エチオピアにやってきたユーカリの木を例に、人工林と自然林の関係を解説し、人工林の矛盾を指摘する。ほとんどの人工林は、巨大なトウモロコシ畑のように単一栽培である。トウモロコシ畑と同様に徹底した管理を必要とする。病害虫を抑え、植生の中で勝ち抜くために、農薬が使用される。そのため、土壌と水が汚染される。ブラジル南東部で、人工林から流れ出た農薬が地元の漁業基地をだめにした例が紹介される。タイの田舎ではユーカリを「悪魔」とよぶことがある。養分と水分をむさぼり、土を堅くするからである。そのほか、アキグミ、アラビアゴムモドキ、チガヤとマイマイガなどの例が紹介される。

第2部・第4章　海洋と河川湖沼

「白人はあたしらを助けるために、妖怪の赤ん坊を湖に入れたのさ」と始まるこの章は、世界で二番目に大きな湖のビクトリア湖で、カワスズメとティラピアとナイルパーチ（妖怪）の関係が湖の生態系をいかに崩していくかが解説される。また、五大湖の農薬の話や魚版吸血鬼ともいえるウミヤツメの話が続く。海洋での事例として、さまざまな種のサケの「海洋牧場」の普及が、あらゆる場所の自生の魚に及ぼす影響があげられる。そのほか、ニジマス、ブラウントラウト、ティラピア、カキなどが及ぼす生態系への影響が解説される。

第2部・第5章　島

ハワイ、グアム、ニュージーランド、ガラパゴス諸島、フロレアナ島、モーリシャス島などへの鳥、

昆虫、植物、家畜、野生動物などの侵入の事例が紹介される。そのほか、大陸にある生態上の「島」、例えば湖や陸の高地での種の絶滅病の話も紹介される。

第3部では、おもに文化的プロセスとしての侵入をとらえる。まず、ふたつの文化的侵入の歴史から始まる。最初に意図的なもの（例えば、1890年にアメリカに入ったクロムクドリモドキ）。次に偶発的なもの（第6章）が紹介される（例えば、1989年ごろにサンフランシスコ湾に現れたミドリガニ）。第8章では、経済と関連づけて世界経済そのものが、均質化を推進していることを検証する。

第4部の最終章では、侵入という地球の病気を治療するために、法律・政策・生態学・個人でそれぞれなにができるかを改めて検討している。

「あとがき」で、監訳者は語る。「自然のままの生態系、農林漁業にかかわる生態系の全てにわたって、外来種の侵入による混乱は、地球環境問題における重要課題となりつつある」われわれが最近経験した九州や北海道での口蹄疫の問題は、自然界からの新たな警告として受け取るべきであろう。

わが国の失われつつある土壌の保全をめざして
――レッド・データ土壌の保全

日本ペドロジー学会　2000年

日本ペドロジー学会は、5年前から土壌版レッド・データ・ブックの作成に取り組み、このほど開発などによって失われつつある学術上貴重な土壌の所在地や現状を取りまとめたレッド・データ・ブックを作成した。日本の絶滅危惧動植物については、日本植物分類学会（1989年）や環境庁（1994年）がレッド・データ・ブックを、植物群落については、日本自然保護協会が植物群落レッド・データ・ブック（1996年）を作成している。レッド・データ・ブックにより保護されるべき野生生物や自然環境が認識され、その保全に役立ってきたが、土壌については初めての試みである。

土壌版レッド・データ・ブックでは、会員からアンケートで寄せられた「消滅が危惧される土壌型」や「学術上貴重な土壌型」など193の土壌を土壌版レッド・データ・ブック作成委員会の委員により「非常に緊急に処置しなければ消滅する」から「消滅の危険性はない」まで8ランクに分け、表示している。最も消滅の危険性の高い「非常に緊急に処置しなければ消滅する」土壌として、沖縄県石垣島カーラ岳周辺の非常に限られた範囲に分布する非火山灰由来の「黒色土」や、兵庫県東播台地に分布する「トラ斑土壌（赤黄色土）」があげられている。前者は分布が狭く希少価値

があるのみならず、亜熱帯という高温下でなぜ土壌中に有機物を蓄積できるのかを解き明かすため、また有機物含量の少ない熱帯・亜熱帯土壌の肥沃度改善や、炭素を土壌中に蓄積することにより、増え続ける大気中の炭酸ガスを減らす研究の素材としても重要である。分布範囲が狭いので小規模の開発でも消滅してしまう恐れがあるが、周辺は新石垣空港の建設予定地のひとつになっている。後者は激しい都市化による地形改変で著しく消失が進んでいる。

将来貴重な土壌の保全法として考慮しなければならない現地保存の例として、唯一北海道浜頓別に民間の「北農会」が約4haの土地を買い上げ「ポドゾル」を保存している。しかし、最近では周辺の砂利採取の影響で保存地の水分状態が変わり、土壌に変化が表れてきているという。石狩平野の高位泥炭土も大規模な農地開発などにより2番目に高い危惧度「緊急に対処しなければ消滅する」土壌として選ばれているが、この土壌は北海道農業試験場(美唄市)の敷地内に50haが保存・管理されている。ちなみに、農業環境技術研究所の土壌モノリス館には、東播台地の「トラ斑土壌」、美唄の高位泥炭土、浜頓別のポドゾルは収集されているが、カーラ岳の「黒色土」は未収集である。

日本ペドロジー学会では、土壌を次世代の人類の生命を支える貴重な資源として認識してもらい、土壌保全の重要性を理解してもらう資料として、この土壌版レッド・データ・ブックを活用することにしている。

また、日本ペドロジー学会は、1999年3月16日に土壌版レッド・データ・ブックの作成成果発表のため、文部省の成果公開促進費による公開シンポジウム「わが国の失われつつある土壌の保全を目指して～レッド・データ土壌の保全～」を開催した。そのプログラムは以下のようであった。

プログラム
1 土壌のレッド・データ・ブックの作成について　菊地晃二［日本ペドロジー学会会長、帯広畜産大学教授］
2 わが国に分布する特徴的な土壌について　永塚鎮男［(有)日本土壌研究所代表取締役］
3 緊急に保護されなければならない土壌について　平山良治［国立科学博物館主任研究官］
4 生態系保全と環境NGO　池谷奉文［(財)日本生態系協会会長］
5 土壌保全と環境影響評価　中山隆治［環境庁企画調整局環境影響評価課長補佐］
6 かけがえのない土壌の保全を目指して　松本聰［(社)日本土壌肥料学会会長、東京大学大学院教授］
7 総合討論

このシンポジウムの詳細については日本ペドロジー学会のホームページ (http://pedology.ac.affrc.go.jp/) を参照のこと。

失われた森

レイチェル・カーソン著　リンダ・リア編　古草秀子訳

集英社　2000年　2205円（299ページ　B6判）　ISBN: 9784087733259 (4087733254)

ジョージワシントン大学で環境史の教授を務めるリンダ・リアが、レイチェル・カーソンの遺稿をまとめた『*Lost Woods: The Discovered Writing of Rachel Carson*』(1998)の全訳が、この本である。

レイチェル・カーソンは1999年3月のタイム誌で、アインシュタインやフロイトと並んで「20世紀の偉大な科学者・思想家100人」にエントリーされている。現代の環境保護運動の創始者ともいわれる偉大な女性科学者である。この本はそんな偉大な女性を、思いのほか身近に感じさせてくれる。

この本では、次に紹介する全31編がほぼ年代順に4部に分けられ、科学者そしてサイエンスライターとしてのカーソンの足取りが浮き彫りにされる。収録された作品のいくつかは、ポール・ブルックス著『レイチェル・カーソン』などの評伝に掲載されており、26章は『沈黙の春』の冒頭でよく知られた章だが、本書ではじめて紹介される作品も多い。

『沈黙の春』は、合成殺虫剤が招く危険性をめぐる雄弁かつ重大な警告の書である。そこでは、残留化学物質が自然界を汚染していくさまはもちろん、それが人体に蓄積されていく経緯が詳細

に描きだされていた。かつて『沈黙の春』に心を揺さぶられた年輩諸氏の一読をお薦めしたい。4部31編の内容とその紹介を本書から引用して紹介する。

第1部　若きカーソン――野生生物保護への関心

1　海のなか
2　私の好きな楽しみ
3　野性生物のための闘い――チェサピーク湾のウナギはサルガッソー海をめざす
4　自然界の空のエース
5　鷹たちの道
6　思い出の島
7　マッタムスキート――国立野生生物保護区

第1部に集めた著作物は、若きカーソンの興味の多様さと、文体や題材を探し求める努力とを映しだしている。最初に登場する「海のなか」は、いかにも彼女らしい鋭い洞察力と叙情性に満ちた作品で、1937年にアトランティック・マンスリー誌に掲載され、作家としての出発点となった。第1部を締めくくるのは、魚類・野生生物局のために執筆・編集した5部の小冊子シリーズ『環境保全の現状』のひとつ、「マッタムスキート」からの抜粋である。彼女は魚類・野生生物局に専門職で採用された2人目の女性であり、初級水産生物学者としてはじまった公務員生活は15年間つづき、局の広報物を一手にまとめる編集長にまでなった。「マッタムスキート」には、科

学者として成熟したカーソンが、書くべき題材や、一般大衆に情報を提供するという使命を、しっかりと認識していたことがあらわれている。また、野生生物をとりまく複雑な生態環境についての理解や、そうした生態学的な関係の重要性を読者に伝えたいという熱意が感じられる。

この2編の間に収録した、少女時代の印象的な作品や、ボルティモア・サン紙に掲載された数編の記事には、彼女が生涯もちつづけた野生生物保護への関心や、人間が自然に介入することに対する懐疑的な見方、そして鳥類への強い興味が示されている。1940年代の未発表の短い作品の数々は、ナチュラリストとして自然誌作家（ネイチャーライター）として、洗練されつつあったカーソンの姿を彷彿とさせる。全体から見て、これらの作品は、若き日のカーソンが抱いていた生態学的な認識や、自然科学者としての彼女の進化の道筋を理解する手がかりとなろう。

第2部　世界を理解する——自然研究、環境保全への考え方
8 「潮風の下で」に関するイールズ夫人宛のメモ
9 失われた世界——島の試練
10 「本と著者の昼食会」での講演
11 クロード・ドビュッシー作曲「海」のアルバム解説
12 ナショナル交響楽団のための慈善昼食会での講演
13 全米図書賞受賞の言葉
14 自然を描く意図
　 デイ氏の解任

『われらをめぐる海』第2版の序文

海の生物たちを叙情的に描いた『潮風の下で』を出版した1941年から、『われらをめぐる海』を発表した1951年までの10年間は、カーソンにとって創作上の実り多い年月だった。『われらをめぐる海』は海洋学の知識を結集した記念碑的名作であり、この本によってカーソンは一躍著名人の仲間入りをして、経済的にも安定し、公務員をやめて執筆に専念できるようになった。

カーソンは最初のうち、大勢の人の前で話をすることに消極的だったが、しだいに著名人としての役割に自信をもち、そうした機会を利用して、世界を理解する一手段として自然研究の重要性を訴えるようになった。彼女の主要なテーマ——時を超越した地球、その営みの不変性、生命の神秘——は、作品のなかにくりかえし語られているが、人びとに直接語りかけるとき、その口調は格別な新鮮さと温かさに満ちていた。カーソンはまた、数々の賞を受け、その授賞式などで得た人びとに直接語りかける機会を利用して、科学の徹底的な偶像破壊主義を批判し、生命の謎を解くために努力しているすべての人びとに、共通の価値観をもつことを促した。

1952年、カーソンは魚類・野生生物局を辞職した。政府刊行物の制約から解き放たれて、彼女は環境保全についての考えを率直に表現し、自然環境の保護のために積極的に発言しはじめた。第2部に収録したうちの2編は、原子力時代に暮らすことの不安や、原子爆弾の発明によって、人間が自然を変化させるどころか、破壊さえする能力を獲得してしまったという懸念を伝えている。それこそ、その後のカーソンに書くべき題材を選択させた動機であり、精神的価値をないがしろにする、人間の傲慢さに対する怒りの奥底にあったものである。

第3部 つながり──生態学、人間社会と自然美

16 たえず変貌するわれらの海辺
17 野外観察ノートから
18 海辺
19 われらをめぐる現実の世界
20 生物科学について
21 フリーマン夫妻への二通の手紙
22 失われた森──カーティス・リー・ボック夫妻への手紙
23 雲

第3部は、〈ホリディ〉誌に掲載された、カーソンのもっともよく知られた雑誌原稿「たえず変貌するわれらの海辺」にはじまり、雲について書いたテレビ番組用の台本で終わる。彼女はずっと以前から、空と海には同じような自然の力が働いていると考え、その類似性に魅了されていた。

1952年に魚類・野生生物局を辞めた後、カーソンはメイン州ブースベイハーバーの西、サウスポートアイランドに地所を買って小さな別荘を建て、ここで地所内の潮だまりや岩場を調べ、「海の三部作」を締めくくる『海辺』を執筆した。この作品は『われらをめぐる海』と同じく、『ニューヨーカー』誌に連載された後、『ニューヨーク・タイムズ』誌のベストセラーリストに登場した。

大西洋岸の海辺での野外調査は、カーソンに創造力に満ちた時間をもたらし、その一端は、ここに収めた彼女の野外調査ノートや友人たちへの手紙にも反映されている。また、彼女はそうし

た野外での経験をこの時期の講演などに利用し、生態学的なつながりの重要さや、現代社会における自然美の価値について語った。

米国の自然の海辺がしだいに失われていくことを危惧したカーソンは、人間活動のおよばない地域を設ける必要があると主張した。彼女は早くから自然保護区の設立を訴え、「失われた森（ロスト・ウッズ）」と名づけたサウスポートアイランドの小さな土地を、私費を投じて保護したいと考えていた。この願いは実現されなかったが、そうした彼女の思想や、海辺の生物の生態学的な重要性についての確固たる主張は、その作品の数々に遺されている。

第4部 沈黙の春——科学と利己主義、ガンの転移

24 消えゆくアメリカ人
25 生物学を理解するために
26 明日のための寓話
27 全米女性記者クラブでの講演
28 『沈黙の春』のための新しい章
29 ジョージ・クライル・ジュニアへの手紙
30 環境の汚染
31 ドロシー・フリーマンへの手紙

第4部には、1959年から1963年までがまとめられている。この時期、カーソンは『沈

黙の春』の執筆や、その出版後に受けた批判との闘いに明け暮れていた。1957年秋に執筆を開始した当初、この本は『自然の支配』(The Control of Nature) と題されていた。彼女は5年もの歳月をかけて、膨大な証拠を集め、合成化学農薬のはなはだしい乱用と自然を征服しようとする行為の愚かさとを告発する、説得力にあふれた名著をまとめあげた。

ここに収めたカーソンのもっとも重要な3つの講演記録は、使われている言葉の明暗さの点でも、汚染の危険や、あらゆる生命の相関性を訴える彼女の信念が表現されている点でも、注目すべきものだ。1962年以降しだいに激しさを増す批判者からの攻撃に対し、カーソンは穏やかながら説得力にあふれた分析と、意外なほどの政治的洞察力で応酬した。高潔な存在であるべき科学界が、道徳的な立場にたってリーダーシップを発揮するどころか、社会をまちがった方向に導こうとしている、と彼女は批判した。そして、農薬の乱用の害を否定する人びとの利己主義と科学的知識の乏しさを白日の下にさらし、一般大衆には事実を知る権利があると訴えた。

こうして公的な闘いをくりひろげる一方で、カーソンはより深刻な、個人的逆境と闘っていた。1961年、乳ガンの転移を診断された彼女は、自分の意見を発表する機会がかぎられていると知り、愛する地球を守るためにいっそうの情熱をそそいだ。第4部は、親しくしていた主治医への手紙、そして親友への手紙で幕を閉じる。

30

自然と科学技術シリーズ

地下水の硝酸汚染と農法転換──流出機構の解析と窒素循環の再生

小川吉雄 著

農山漁村文化協会　2000年　1799円（200ページ　B6判）　ISBN: 9784540992162 (4540992163)

農村地域で調査された多くの地下水、井戸水の硝酸態窒素濃度をみると、土地利用や栽培作物の違いによりその濃度は異なる。栽培作物の種類による施肥窒素量の差が原因していると推察される。さらに、施肥量の多い地域の地下水ほど、陰イオンのなかに占める硝酸態窒素の割合は高い。

このような視点から本書では、農業の生産活動に欠かすことのできない肥料窒素や有機質資材中の窒素に焦点をあて、地形的に上位にある畑から低地の水田に至る、水の動きを通して土地利用ごとの窒素の動態をみていくことにする。このことから、農村地域における地下水の硝酸汚染の原因が窒素循環の破綻にあることを明らかにし、循環と調和した持続可能な農業生産を維持するため、古くて新しい耕地管理技術を提案する。（『土地利用の違いと硝酸態窒素濃度レベル』より）

本書では、次のことが紹介される。地下水の硝酸汚染防止と循環型農業技術を開発するにあたっての基礎的な資料の提供。農業生態系における還元ゾーンとしての水田の土地利用のあり方。持続的な農業生産方式の普及・定着のための肥培管理技術の展開方向の提案。

生命と地球の共進化 NHKブックス

川上紳一著

日本放送出版協会　2000年　1071円（267ページ　B6判）ISBN: 9784140018880 (4140018887)

　共進化という言葉は、1960年代に花と昆虫の相互依存性が、それぞれの形態の進化を促してきたことを表現する言葉として生物学者によって初めて使われた。チョウは花が分泌する蜜を得るかわりに、からだに花粉をつけて植物の生殖を助ける。そうした相互作用が強まると、花の蜜を吸い上げるチョウのストローと蜜を提供する花の形態がともに特殊化する。こうした例を生物圏で探すといろいろな生物の間の共生関係と、その時間発展過程としての共進化が見いだせる。要するに複数のものが互いに影響を及ぼしながら共に進化していくことを意味する。
　気象学者のスティーブン・シュナイダーは、こうした生物間の共進化の概念が、生命と気候の間でも成立するとして、気候と生命が共進化してきたと主張している。気候は地球上の生命に影響を及ぼすと同時に、生命が地球の気候にも影響を与えるというわけである。生命が地球の気候を変える理由は、生物圏が地球の気候を決める炭素循環や窒素循環の重要な担い手になっていることからも理解できる。
　共進化かどうかはともかく、農業と環境の間にも密接な関係がある。農業活動が活発化すれば地球環境に影響が及ぶ。たとえば、反すう動物を増産させたり、イネの生産量を増大させれば、

それぞれルーメンや水田から発生するメタンは増加し、地球の温暖化が促進される。一方、地球が温暖化すれば農業生産の様態は変化し、生産地や生産量に影響が及ぶ。

1990年代になって、著者らは全国の地球科学とその周辺分野の研究者を引き込んで文部省重点領域研究として「全地球史解読計画」を提案した。地球物理学だけでなく、大気や海洋の変化、さらに生命科学まで含めた全地球史の解読を進めようというものである。生命と地球の関わりを対等に捉えようという意図から「生命と地球の共進化」という概念を提示した。本書は、そうした見方で捉えた生物進化の歴史を紹介する。生物学の情報を用いて地球の歴史を語ることが可能になった背景には、もちろんプレートテクトニクスからプルームテクトニクスへといった地球物理学そのものの進展と、遺伝子理論に基づく生物系統樹の再構成といった生物学の進展とがある。

地球史には7大イベントがある。すなわち、

1　45億年前　　地球が形成された

2　40億年前　　最古の地殻物質が保存されるようになった

3　27億年前　　火成活動が活発化し、大きな大陸ができた

4　19億年前　　著しい火成活動があり、巨大な大陸がはじめて形成された

5　約6億年前　　超大陸が分裂して新しい海洋が形成された

6　2億5千万年前　超大陸が形成され、海洋の酸素欠乏事件によって、多細胞動物が出現した生物界で大絶滅があった

7　現在　　　　人類が科学を発明し、地球・宇宙の歴史とその摂理を探り始めた

一方、生命の歴史においても生物進化の7大イベントがあるといわれる。すなわち、

1 生命の誕生
2 代謝の始まり
3 光合成と化学合成の始まり
4 真核生物の登場
5 多細胞動物の出現
6 陸上への進出
7 人類の誕生

本書を読んでいて驚かされるのは、地球史と生命史の変化の時代がピタリと対応することだ。真核生物や多細胞動物の出現が酸素の出現や極度の寒冷化と一致するのである。また、本書は生命の起源から地球および宇宙の未来まで話が及ぶ。農業と地球環境の研究を進めるにあたっても、得るものが散在している書である。

水不足が世界を脅かす

サンドラ・ポステル著　福岡克也監訳　環境文化創造研究所訳

家の光協会　2000年　1995円（297ページ　B6判）　ISBN:9784259545826 (4259545825)

地球白書2000/01（ダイヤモンド社　2000年）の第3章は、「灌漑農業の再構築」について書かれている。ここでは、世界各地で発生している地下水の過剰揚水の実態や水紛争が将来どうなるかを予測し、農業と水とのかかわりについて警告している。さらに、水生産性を高める手法も提示している。

また、レスター・ブラウンのホームページに見られるように、中国の地下水位の低下が世界的な食料価格の上昇につながる予測もある。

21世紀は水の世紀であり、水不足がいたるところで深刻化するであろうともいわれている。本書の出版に当たり、レスター・ブラウンがしたためた以下の文章にもこのことが述べられている。

「21世紀に向けて、食料を安定的に生産していくうえでの制約要因はさまざまあります。なかでも脅威ともいうべき重大な制約は『水』にほかなりません。

人類の文明は、そもそも灌漑農業とともに始まったといえます。しかし多くの古代文明が、『灌漑農地の塩分の増加』などの問題を上手にコントロールできず、農業生産が持続できなくなり、

35

消えてしまいました。

こうした問題は、今日、いまだ完全には解決できていないのです。さらに、おそるべきは世界の穀倉地帯で地下水を、かつてないペースで汲み上げすぎていることです。しかも、インド、バングラデシュ、中国といった途上国のみならず『世界のパンかご』とされているアメリカでも、同じような、綱渡りの大規模農業をしています」

本書の著者は、1988から94年にワールドウォッチ研究所の副所長を務め、現在も特別研究員として活躍している Sandra Postel である。彼女は、国際的な水紛争と戦略を研究している世界水政策研究所の理事でもある。原著は『Pillar of Sand: Can The Irrigation Miracle Last?』(1999, Norton & Company, New York) である。

監訳は、本書の『生態系を破壊する小さなインベーダー』(16ページ参照) でも紹介した地球環境財団理事長の福岡克也氏である。以下、各章の概要を記載する。

第1章 21世紀のキーワードは「水」

いまでは私たちの食糧の約40％が潅漑農地から生みだされている。インド、パキスタン、中国の華北平原、アメリカ西部など、世界有数の食糧生産地域で地下水が汲み上げられているが、そのほとんどの地域で、自然が補給する以上のペースで地下水を利用している。水不足は今や、世界の食糧生産にとって最大の脅威になっている。

潅漑の基盤は、私たちがより一層、潅漑に依存しようとしているいま、多数の弱点を見せている。塩類の集積、土砂の流出と堆積、インフラの軽視、宗教的対立、予期せぬ気候変動など、古代の

灌漑文明を知らぬ間にむしばんでいたのと同じ脅威が頭をもたげている。灌漑システムを改めなければ、灌漑の生産性は低下するだろう。そして、すべての人間を養えるまで食糧生産を拡大することもできないだろう。

第2章 歴史が語る「灌漑文明のサドンデス」

古代メソポタミアに繁栄したアッカド帝国は、灌漑農業があったればこそ発展できたのだが、突然の気候変化がもたらした人口増加と水不足という重圧のもとでは、その勃興期には支えとなった灌漑農業が一転して弱点となった。原因は土壌への塩類集積である。確かなのは、メソポタミアの社会が依存していた灌漑農業はもともと環境的に不安定だったので、たとえ小規模でも混乱が起これば、社会は崩壊しやすくなっていたのである。

インダス文明崩壊は、塩類集積、土砂の流出と堆積、洪水、それにおそらく気候の変化などがあったからであろう。

エジプトの湛水灌漑システムは、環境、政治、社会、制度の各方面から見て、もっとも本質的に安定していた。

時期的には遅く、規模もずっと小さいが、ペルー沿岸、メキシコ中央部、北アメリカの南西部に発達した灌漑文明は、南北アメリカの文化の発展を決定づけた。世界の初期灌漑文明を見ていくなかで忘れてならないのが、ホホカム文化である。気候変動による温暖化の世紀に入りつつあるいま、激しい洪水や干ばつに襲われるなど、ホホカム文化の時代ときわめて似たことが起こっている。私たちはホホカムの歴史から、今後を予見できるかもしれない。

第3章 環境共生型灌漑へのパラダイムシフト

世界の灌漑面積の半分以上が、インド、中国、アメリカ、パキスタンを含む多くの国が、国内食糧生産の半分以上を灌漑農地に頼っている。

インドでは、イギリスの技術によっていたるところで灌漑が進んでいった。近代灌漑に誕生の地があるとしたら、ほぼ間違いなくパンジャブ地方だろう。100年におよぶ粘り強さによって、かつてないほどの灌漑システムを基盤とする社会が生まれた。

アメリカは、ユタ州のグレート・ソルト湖周辺に灌漑水路を建設した。コロラド川によるフーバーダムはあまりにも有名である。

エジプトでは、アスワンダムやアスワン・ハイダムを建設し、灌漑農業の伝統を守っているが、ナイル川上流に位置するエチオピアとは、ナイル川の水資源をめぐって政治的緊張関係にある。近代エジプト社会を支える灌漑システムが持続可能なものかどうかは、いますぐには分からない。

中国、アメリカ、ソ連の灌漑開発はまさに限界といえる段階に達し始めている。世界のほとんどの地域で、灌漑に適した土地はすでに開発されてしまっている。世界の灌漑システムの多くは、望ましい状態に維持されていない。数十年にわたって使用された灌漑システムは、その50から70％に修復の必要性がでている。

20世紀の終わりを迎えて、150年にわたった近代灌漑の時代は徐々に勢いを失っている。

第4章 埋まるダム貯水池、干し上がる河川

黄河はこの十年にわたって、毎年干上がった。世界の重要な食糧生産地域の多くで、灌漑用水が底をつき始めている。テキサス州デフ・スミス郡では井戸水が干上がった。世界の重要な食糧生産地域の多くで、灌漑用水が底をつき始めている。農民は各地で、自然が供給するより速い速度で地下水を汲み上げているから、地下水位は着実に低下している。南アジアのガンジス川とインダス川、アフリカ北東部のナイル川、中央アジアのアムダリア川とシルダリア川、タイのチャオプラヤ川、北アメリカ南西部のコロラド川はいずれも、ダムでせき止められたり取水されたりしているので、川の水がほとんど海へたどり着かない時期がある。

このような例が具体的にいくつも紹介される。

さらに地下水量の減少が、インドの穀倉地帯、中国北部から中央部に広がる穀倉地帯で起こっている。つづいて、パキスタンとアメリカの灌漑農業地帯の例も紹介される。加えて、ダムの役割が問い直され、温暖化が灌漑農業に及ぼす影響が論じられる。

第5章 塩がむしばむ世界の食糧安定

砂漠を肥沃な畑に換え、河川の流れを人間の必要性に応じて変えると、自然は無数の形で見返りをする。なかでも恐ろしいのは、灌漑に伴う塩害である。初期メソポタミア文明が栄えたイラク南部が、その典型であろう。

世界の灌漑地の5分の1が、土壌の塩類集積に悩まされている。そのため、中国、インド、パキスタン、中央アジア、アメリカの広い地域で農地の生産力が低下している。モスクワの中央政府は、大量の水を近くの主要河川であるアムダリア川とシルダリア川から分水し、灌漑地を拡大した。このため、アラル海

の水量は3分の1に減った。そのうえ、潅漑した周囲の畑から塩分を含んだ農業廃水が水路に流れ、塩類濃度を着実に増加させた。下流での潅漑は、耕地に大量の塩類を追加することになった。

このような例が、パキスタン、中国、インド、アメリカ西部について述べられている。最後に、つぎの言葉でこの章は結ばれている。「塩類集積は、農業の生産現場でいつ爆発するかわからない、時限爆弾だと言えるかもしれない」

第6章 アメリカがダムを壊す理由

農地から都市への水の転用が始まっており、それも増加する公算が大きい。北京、バンコク、ジャカルタ、マニラをはじめとするアジアの巨大都市ではすでに、増大する需要の一部を過剰に汲み上げた地下水で補っている。これらの地域でも農業用水を都市用水へ転用するという圧力が高まりつつある。都市が農地から水を吸い上げ続けていくことは、誰も疑う余地がない。水の争奪戦を的確に管理できないと、食料供給が低下する地域もでてくるであろう。

一方、この10年間に社会の価値観は、自然生態系とこれが生みだしている数々の恩恵を保護すべきとする方向に大きく変わった。アメリカでは、河川によって維持されていた湿地や湖が乾き始めた例がでてきた。そのため、野性保護の問題が起こり、自然環境へ水を再配分することが実行されはじめた。現在、太平洋側北西部のスネーク川下流にある4つのダムを破壊するアイディアが検討されている。

水資源の争奪戦が激化しているが、この問題は食糧生産の問題とからみ、国内のみならず世界的な影響を与えることになる。長く食糧安定保障論の視野の外に置かれていた水資源がいま、そ

の決定要因になりつつある。

第7章 水資源と紛争の政治学

世界の水紛争の5大ホットスポット（アラル海地域、ガンジス川、ヨルダン川、ナイル川、チグリス・ユーフラテス川）は、流域諸国の人口が2025年までに45％から78％増加すると予想されている。これらの国では、農業用水と都市用水の間で限られた水供給量をめぐって争いが激化するであろう。

第8章 21世紀へ、一滴の水を生かす

1ヘクタールの土地で「どれだけの食糧が得られるか」という「土地の生産性」が、20世紀後半の開拓すべき限界を決定したように、1リットル（というより一滴）の水で「どれだけの食糧が得られるのか」という、「水の生産性」が21世紀の農業の限界を決定する。

この「水革命」、色でいえば「青（ブルー）」の革命」は、過去数十年間の「緑の革命」より実行が困難であろう。

この問題を解決するために、点滴潅漑、新潅漑技術、節水型作物、情報活用などの手法が語られる。

第9章 小さな共同体の大きな知恵

今日の近代潅漑は、そのあらゆる成功にもかかわらず、根深い構造的欠陥を宿している。つまり、世界の大多数の農民と無縁に展開されてきた。世界には、潅漑を利用できない農民があまりにも

多いのである。

インドのダッカから北東へ80キロメートル離れたブラーマンバリアでは、以前に雨水だけに頼っていたが、足踏みポンプを使いはじめて生産量が2倍になったという。このことにより、水を支配する地域の権力者から自立し、より安定した灌漑が可能になったという。足踏みポンプの威力は、土地の荒廃を防ぎ、農民の都市への移行を防止した。

このような小さな知恵の例が、様々な国において語られる。

第10章 水を分配する新たなルールづくり

21世紀の灌漑をより効率的で公平で、環境にやさしいものにするために、灌漑システムにおける補助金のあり方、水の料金設定、水の売買市場、農民の権限と責任、地下水使用のルールづくりなどが語られる。

第11章 地球の水を共有する倫理

『土と文明』（家の光協会 1975年）の著者、カーターとデールは序の冒頭を次のように書き始める。

「文明の進歩とともに、人間は多くの技術を学んだが、自己の食糧の拠りどころである土壌を保全することを修得した者は稀であった。逆説的にいえば、人類のもっともすばらしい偉業は、己の文明の宿っていた天然資源を破壊に導くのがつねであった」

この教訓は、私たちに重くのしかかる。現在のドラマは、過去のドラマに全く新しい要素が加わっている。消えていった過去の文明の問題と、今日の灌漑農業の状況とが告示している。

地球を守る環境技術100選 改訂版

公害対策技術同友会 2000年

1994年に出版され、高い評価を得た第1版が出版されてから6年が経過した。この間、新たな環境問題が出現し、環境技術を取り巻く状況も大きく変化してきた。とりわけ、ダイオキシン類や内分泌かく乱化学物質、土壌汚染、地下水問題など技術的な取り組みが容易でない問題がでてきた。今回の改訂版では、「土地・地下水」「有機化学物質等」「交通環境」の3部門が追加され、さらに「環境調和」という新しい視点が取り込まれている。多くの技術が農業と直接関係してはいないけれども、身近な環境から地球環境まで、さまざまな問題に対処するための格好の情報源となる。

内容は、地球温暖化、交通環境、有害化学物質等、土壌・地下水、廃棄物・リサイクル、緑化技術、大気汚染、水質汚濁、騒音・振動、環境調和技術の10項目に分けられ、各分野での技術が紹介されている。

第1は短期間の過剰揚水の問題、第2は灌漑農地と灌漑用水基盤の急速な侵食の問題、第3は緑の革命の驚異的な成功の影にひそむ問題、第4は人口と地球の淡水量のバランスの崩壊である。

農山漁村と生物多様性

宇田川武俊編　農林水産技術情報協会監修

家の光協会　2000年　2625円（261ページ　A5判）　ISBN: 9784259517670 (4259517678)

生物多様性を理解するためには、多様性を生みだしてきた46億年にわたる地球の歴史に思いを馳せる必要がある。地球が誕生したとき、そこは時間と空間と物質しかない混沌（カオス）であった。気の遠くなるような地球の進化の過程で、地球は分化をなしとげてきた。大気圏、地殻圏、水圏、土壌圏、生物圏などへの分化がそれである。

この間、生物と生物が、生物と物質が、生物と気候が共進化してきた。いいかえれば、気候は生命に、生命は気候に影響を与えてきた。要するに、地球は複数のものが互いに影響を及ぼしあいながら、共に進化を重ねてきたものなのである。

この共進化こそが、多様性を生みだす大きな推進力になった。このことは、多様性がたんなる「種の多様性」だけでなく、「遺伝子レベルの多様性」と「生態系の多様性」を含んでいることを意味する。

この本の特徴として、「生物多様性は地球の進化と関連している」ことが強調されている。生物多様性が問題になっているのは、これらのさまざまな圏に新たな人間圏が登場したからにほかならない。本書は、この人間圏（ここでは、耕地・草地・森林・沿岸・河川・民族・文化）と生物多様性の意義と現状を解説し、人間が生物多様性の保全（ここでは、水田・里山・ため池・教育・

修復）にむけてどのような行動をとるべきかを具体的に示している。

 第二の特徴は、「生物多様性を自然科学と社会・人文科学から取り上げる」ことである。それは、この国の生物多様性の維持には、農山漁村の構造と文化に負うところが大きいからである。言語や手法や結論の出し方に違いがある科学を同じ土俵に乗せ、一冊の本にした特長は、編者の教養の深さと力量によるものであろう。

 第1章の「第2節 耕地生態系と生物多様性」と「第8節 生物多様性と文化の多様性」は、本書の代表的な節といえるだろう。前者は、生物多様性を自然科学における時空を越えた壮大なスケールの仮説のもとに書いてある。後者は、自然と歴史・文化に富んだ地域にユニークな学問手法を導入している。

 第三の特徴は、「バーチャルリアリティー批判」である。生き物とのつきあいを忘れてしまった人間、かつての農山漁村で暮らした人びとの知恵と知識と経験の喪失、自然を畏れ敬う精神構造の崩壊などがそのよい例であろう。

 このことは、第2章の各節にみられる具体的な行動で知ることができる。休耕田などを活用した生物多様性保全、里山での生物多様性保全、ため池を利用した生物多様性保全、「田んぼの学校」の教育、中国地方レッドリスト水田生物再生の現場、などがよい例である。

 編者の宇田川武俊氏と、第1章の第2節および第2章の第4節の著者の守山 弘氏、および第2章の第1節の著者の大黒俊哉氏は、農業環境技術研究所の先輩である。

鎮守の森

宮脇 昭・板橋興宗著

新潮社 2000年 1365円（159ページ B6判） ISBN: 9784104368013 (4104368016)

著者の宮脇氏はドイツ留学中に郷愁に誘われることが度々あった。そのとき必ず思いだすのは、ふるさとの鎮守の森の秋祭りであった。

神戸の大地震の後、著者がヘリコプターで上空から地震の被害の跡を調べると、眼下に緑のかたまりが散見できた。小さな公園の周りの小さな樹林や神社の森がそれで、そのまま残っていた。地上の現地調査で神社の森にいると、鳥居も社殿も崩壊しているのに、カシノキ、シイノキ、ヤブツバキ、さらにはモチノキもシロダモも一本も倒れていなかった。「大震災も耐え抜いた森」と題した第1部の第1節は、この阪神・淡路大地震を例にとり、ふるさとの木によるふるさとの森、つまり鎮守の森の生命力について考える。

第1章の第9節では、「鎮守の森とは、さまざまな意味づけが科学的、あるいは精神的、宗教的、地理的、景観的な面から可能である。生態学的には地域の本来の素肌、素顔の緑、その濃縮した森のもっとも間違いのない原点であり、植生学的には潜在自然植生が顕在化している」と述べ、鎮守の森こそ、われわれが21世紀を生き延びるための命の基盤であると同時に、文化の母体であると強調する。すなわち、鎮守の森は科学的には自然の生物的な潜在能力を把握するために必要

であるし、地域景観の主役であり、われわれの心のふるさとでもあるという。

そのほか、鎮守の森の重要性をひとつのシステムとして解説し、製鉄所の植林、企業の森づくり、熱帯雨林再生プロジェクト、万里の長城の植林などの実例が紹介される。

著者は、横浜国立大学教授を経て、現在は（財）国際生態学センター研究所長、長野県自然保護研究所長などを務めている。調査・研究活動を続ける一方で、鎮守の森をモデルにした「ふるさとの木によるふるさとの森づくり」を進めてきた。その数はすでに国内で600ヵ所、アマゾン、ボルネオ、チリ、万里の長城など海外も含めると1000ヵ所以上になるという。

「ヨーロッパでは家畜の放牧によって森林が荒廃し、荒れ野に木がぽつんぽつんと立っているような景色がみられますが、これがドイツ語でいう〝公園景観〟です。日本では明治以来、ヨーロッパのものでもなんでも良いということでこの芝生都市公園を造成してきましたが、鎮守の森には芝生を30倍に濃縮した緑がある。戦後の乱開発で鎮守の守は激減しましたが、エコロジーの脚本に従って、主役と端役を取り違えることなく苗木を植えると、15年、20年後には新しい鎮守の森が誕生するのです」と、新たに森をつくることを主張する。

自然との共生が21世紀のキーワードなら、数多くの「鎮守の森」が日本中につくられることが必要であろう。

第2部は、「日本人と千年の森」と題する対談で、相手は総持寺貫首、曹洞宗管長の板橋興宗氏である。「鎮守の森に不可欠なふるさとの木」、「日本人はなぜ森に惹かれるか」、「外来のものを寄せつけないシステム」、「最高条件と最適条件」、「エコロジーと宗教」、「千年の森から日本を再生

する」が語られる。

南方熊楠の『神社合祀問題関係書簡』と合わせ読むと、感慨も一入である。なお、鎮守の森をはじめとする社寺林、塚の木立、ウタキ（沖縄における宗教上の聖地）などを学際的に調査・研究する社叢学会が、近年発足した。この学会では、『鎮守の森だより』『社叢学研究』などを発刊している（社叢学会ホームページ　http://www2.odn.ne.jp/shasou/）。

大気環境学──地球の気象環境と生物環境

真木太一 著

朝倉書店　2000年　4095円（140ページ　B5判）　ISBN: 9784254180060 （4254180063）

環境を抜きにして、研究も行政も経済も政治も生活も語れない時代になった。なかでも、地球環境の問題は、地球はひとつしかないという意味において、さらにこれを次世代へ健全に継承する義務があるという点できわめて重要である。

なかでも、大気環境の問題は、温暖化、オゾン層破壊、エルニーニョおよび酸性雨などの環境問題とも密接に関わっているのでとくに重要である。しかしながら、これらの現象についての一

般的かつ基礎的な大気環境科学の本は比較的少ない。本書は、その問題を解決すべく書かれた書である。この種の本は、何人かの専門家によって執筆されるのが常であるが、これを一人で書き上げて解説しているところにこの本の特色がある。

著者は、愛媛大学農学部生物資源学科生物環境保全コース大気環境化学研究室教授（現・九州大学教授）で、１９９９年３月までは農業環境技術研究所の気象管理科長であった。

著者の「まえがき」が多くのことを語っているので、その一部を抜粋して以下に紹介する。

大気については、水圏（水、水質など）や地圏（土壌、土質など）と比較して、気圏がより密接に環境に関連するはずであるが、気象（大気）と環境を併せ記述した書籍は少ない。そこで、本書では環境に密接に関連する気象学、特に大気についてある程度詳しく解説した後で、それを基盤として地球環境、特に大気の環境問題について解説することとした。各章には分量にいくぶん多寡があるが、ある程度合わせてある。

基礎編、応用編のどちらから読まれても問題ないように配慮したが、できれば最初から読まれることをお勧めしたい。基礎編の中では、数式が若干多く出てくる章があるが、それらの数式がなくても、主要部は理解できるように取り扱ったつもりである。また、逆に数式や内容説明が不十分と思われる読者には、『新版　気象ハンドブック』『農業気象ハンドブック』（１９７４年）など を参照されたい。特に各章の内容に関して、さらに詳しく知りたい読者には引用文献があるので

49

参照されたい。

なお、ここにひとつだけエピソードを記述する。第10章のオゾンホールに関して南極での観測の話である。それは、次のとおりである。オゾンホール発見の10年以上前の1969〜1971年に、第11次南極観測越冬隊の著者らのオゾン量観測で、オゾンホールの前兆とも考えられるオゾン量の急激な減少が測定されていた。その急減現象を学会誌などに報告しておれば、もっと早くフロンガスなどの規制に漕ぎ着くことができたと思われるとともに、研究者としての業績に関して、世界的に脚光を浴びる機会を逸したことは残念であった。

最後に、本書は大学生はいうに及ばず、自然科学者から一般の方々、また行政・政治関係の方々にも、特に後半については、幅広く読まれる目的で記述したつもりである。多くの読者に役に立ち、参考になることを期待している。（以上、「まえがき」から一部抜粋）

Earth System Science: From Biogeochemical Cycles to Global Changes

Michael Jacobson et al.

Academic Press　pp.527　2000　ISBN: 9780123793706 (012379370X)

本書では、地球システム科学のための基本的な概念が提示される。生きている地球という概念がそれぞれの章から感じられる。地球環境と農業の関係を研究する者には必読の書であろう。

第1章は、地球の歴史と地球科学の哲学が書かれ、地球システム科学の導入となる。この本を理解する最初の鍵は、地球が物質的には閉じられたダイナミックなシステムであることの認識である。地球は、エネルギー（太陽の放射線）に関しては閉じられたシステムでないから、惑星を通して絶え間なく元素の循環がおきている。炭素、窒素、硫黄、リンおよび微量金属の動態や転移が、生物地球化学的循環の概念に基づいてそれぞれ解説される。すなわち、大気圏、水圏、土壌圏、地殻圏などさまざまな圏の内外における物質のフラックスやそこでの物理・化学的な転移が解説される。

第2章は「地球の起源と誕生後の転変」で、ビッグバン説から始まり、46億年前の地球とほかの惑星の話が続く。地球のコア、マントル、地殻の化学的な分化が説明される。

第3章は「進化と生命圏」で、地球の生命の始まりと進化と、同時に生化学システムが解説される。

第4章は「生物地球化学的循環とモデル化」で、生物地球化学的循環のモデル化が時間と転移のからみで解説される。

第5章は「平衡、変化速度、自然のシステム」で、熱力学、酸化と還元、反応速度論、非平衡の現象などが解説される。

第6章は「水と水圏」で、全球の水収支、水門量の変動特性動、水と気候、水と生物地球化学的循環、水と地殻物質の循環、人為影響などが解説される。

第7章は「大気圏」である。大気の鉛直構造、相対湿度、オゾン層と成層圏、大気組成、大気の水と雲、微量大気気体、大気成分が気候に及ぼす影響など盛りだくさんの項目がある。

第8章は「土壌、流域過程、海洋堆積物」が解説され、風化、土壌、河川流域過程、海洋堆積物、土壌・風化と地球規模の生物地球化学的循環が詳解される。

第9章は「地殻過程と侵食」で、侵食についての詳細な解説がある。

以下は、第10章「海洋」、第11章「地球規模の炭素循環」、第12章「窒素循環」、第13章「硫黄循環」、第14章「リン循環」、第15章「微量金属」第16章「地球における酸と塩基、酸化と還元」、第17章「生物地球化学的循環と気候の結合 フォーシング・フィードバック・応答」、第18章「氷床とそこに記録された気候変動」、第19章「人類による地球システムの改変 地球変動」という構成になっている。

酸性雨研究と環境試料分析——環境試料の採取・前処理・分析の実際

佐竹研一 編

愛智出版 2000年 5250円 (305ページ A5判) ISBN:9784872562019 (4872562011)

人間活動に伴って発生した酸性汚染物質の環境への影響はどうなっているのだろうか、大気や雨水の汚れ、森林や土壌や湖沼や河川の汚れ、そして文化財や人工物の劣化腐食はいつごろからどのように進行したのだろうか。そしてこれらの問題を解明するには、どのような研究手法を用いればよいのだろうか。このような疑問に答えるために本書は刊行された。酸性雨研究の各分野で専門的に研究されている研究者の実際的な経験に基づいて書かれた書である。

共生生命体の30億年

リン・マーギュリス著 中村桂子訳

草思社 2000年 1890円 (202ページ 四六版) ISBN:9784794209917 (4794209916)

著者のリン・マーギュリスは、生物の進化に関して共生説を唱え、進化論の主流のダーウィン

信奉者からは異端視されてきた女性科学者で、かつては天文学者のカール・セーガンの妻であった、連続細胞内共生説（SET　Serial Endosymbiosis Theory）とガイア（GAIA）、それにこのふたつの相互関係を中心テーマとしている。

本書は、著者が研究者として生涯をかけて取り組んできたふたつの主要なアイデアである、連続細胞内共生説（SET　Serial Endosymbiosis Theory）とガイア（GAIA）、それにこのふたつの相互関係を中心テーマとしている。

共生とは、それぞれの生物が懸命に生きようとし、時には戦いながら、結局そこに落ち着いた姿であるということだ。共生とは相手を思いやってのことではなく、そうでなければ生きられない生き方である。共生するパートナー（共生体）は、同じ場所と時間のなかで文字通り相手と接触し、ときには相手の内部に入り込むことさえある。

これを、生物の進化の説明に当てる。遺伝子の突然変異だけでは、生命の進化は説明できない。そこには細菌細胞の融合と合体、共生というじつに生きものらしい過程があった。ヒトの細胞内にあるミトコンドリア、植物の光合成をになう葉緑体、神経や精子のしっぽまでが、遠い昔に合体した共生細胞だという。人類は神の創造物ではなく、他の類人猿と同じく、高い反応性をもつ微生物の何十億年にもおよぶ相互作用によってつくられたという。

ガイアは、母なる大地を意味する古代ギリシャ語で、地球は生きているという前提に立つ概念を表している。イギリスの科学者ジェームス・ラブロックが提唱したガイア仮説は、大気中のガスや地表の岩石や水の様相が、生物の成長や死や代謝などの活動によって調節されているというものだ。ラブロックは、この仮説でブループラネット賞を受けている。

DNAとGAIAの相互関係を語ろうとする本書は、多くの基礎的知識を必要とするが、まさに46億年の地球の歴史と生命のたどってきた道に思いをはせるには、実に興味ある科学書であろう。

化学物質は警告する——「悪魔の水」から環境ホルモンまで

常石敬一 著

洋泉社　2000年　725円（221ページ　新書）　ISBN:9784896914894 (4896914899)

著者は、「はじめに」に書いている。すべて「先送り」にしてきたと。化学物質がこの一世紀にわたり、人間に多くの豊かさを与えてきた反面、少しずつデメリットという形でチャレンジしてきた問題を見極め、人間がそれをどうはね返せるかを、一人ひとりが考えること、これが本書の目的だと。

著者は「はじめに」で続ける。「先送りされてきた問題、化学物質からの人間へのチャレンジが、今や先送りできないことを示しているのが環境ホルモン（内分泌攪乱化学物質）だ。今、化学（科学）の世界はあたかも飽和状態のように見える。しかし化学物質からのチャレンジということは、本書の最後にも述べるが、自然からのそれでもある。それだけ若者にとって魅力の少ない分野となっているのだろう。しかし化学物質からのチャレンジということは、自然からのそれでもある。それだけ若者にとって魅力ある分野でもある。今、化学（科学）は多くのチャレンジ精神に富む若者にとってまともに応えなければならないということにつながると私は考えている。今や、化学（科学）は多くのチャレンジ精神に富む若者にとって、挑戦し甲斐のある魅力ある分野だと考えている」

現在、化学物質は毎日2000種が登場し、12万種が流通しているという。しかしその結果、われわれの身の回りには人間が意図的に、またときによっては非意図的に作りだした毒物であふれて

現代日本生物誌 11
マングースとハルジオン——移入生物とのたたかい

服部正策・伊藤一幸 著

岩波書店 2000年 (190ページ B6判) ISBN: 9784000067317 (4000067311)

いる現実がある。毒物の種類は2通りある。ひとつは食品添加物などで、毒と知っていて毎日摂るもの。もうひとつは和歌山の「亜ヒ酸入りカレー事件」のように、知らないで摂って被害を受けるものである。いずれにしても、われわれの周りはわれわれが作った人工物質に満ち満ちているのだ。

著者は「あとがき」でこう締めくくる。「わたしは内分泌攪乱化学物質は、人類の将来を破壊する化学的な時限爆弾ではないか、と危惧している。これらは、これまでの多くの人工的に作りだされ、利用されてきた化学物質とは違い、問題が出てから対応するのでは手遅れとなる。『沈黙の春』の「明日のための寓話」が現実のものになると考えている。そうさせないために、化学物質からのメッセージを受け止め、未来を確保するための戦略を作りださなければならない。これは未来を信ずるひとりひとりに課せられた課題だ」。

『現代日本生物誌』は、いま日本の動物・植物になにがおきているのかをテーマに全12巻から構

成されている。すでに9巻が刊行された。そのひとつが本書である。このシリーズでは、主人公であるふたつの生き物の名前が、各巻の表題になっている。その組み合わせは、「動物と動物」、「植物と植物」および「動物と植物」に及ぶ。一見したところ結びつきもなさそうなふたつの生き物を取り上げて各巻が構成されているのは、ひとつの生き物を取り上げるだけでは解らない、現代を生き抜こうとしている生物の本質的な特徴を明らかにするためである。

全12巻の表題は、カラスとネズミ・ホタルとサケ・フクロウとタヌキ・イルカとウミガメ・タンポポとカワラノギク・マツとシイ・イネとスギ・ツバキとサクラ・ネコとタケ・メダカとヨシ・マングースとハルジオン・サンゴとマングローブである。

さて、『マングースとハルジオン』の紹介である。マングースがハブの天敵として東南アジアから沖縄に90年前に導入された動物であることは、多くの人が知るところである。沖縄での動物の分布域から考えても、奄美大島のような深い天然林に進入することは困難であろうと思われていたが、ハブと共存できる習性からあっさりとその地位を占めてしまった。しかし、ハブを駆除するために放ったマングースが、ハブとは共存し天然記念物のアマミノクロウサギの生存を脅かしているという。

北アメリカ原産のキク科の多年草であるハルジオンは、大正時代に関東地方に帰化した。帰化したハルジオンに除草剤がかけ続けられているうちに、除草剤への抵抗性を獲得してしまった。すなわち、除草剤の効果が失われたのである。本書では、このハルジオンを例に雑草の生態系でのたくましさが語られる。

57

Trace Gas Emissions and Plants 微量ガス発生と植物
Ed. S.N. Singh

Kluwer Academic Publishers, pp.328 2000 ISBN: 9780792365457 (0792365453)

本書は第1部がマングース、第2部がハルジオンについての解説である。第3部は2人の著者と2人の編集者(林 良博・武内和彦)による討論である。なお、著者の一人の伊藤一幸氏は、現在、神戸大学の教授であるが、かつて農業環境技術研究所の植生生態研究室長であった。

快適さを追求することに飽くことを知らない現代の人類は、人為的な活動を促進し、温室効果ガスや成層圏破壊物質を大気中に大量に放出している。その結果として、地球は温暖化し、成層圏のオゾン層は減少し、21世紀の人類に地球規模の環境変化という大きな苦難をもたらしていることは疑いようがない。本書はその原因となる温室効果ガスである二酸化炭素(CO_2)、メタン(CH_4)や亜酸化窒素(N_2O)、対流圏のオゾン(O_3)、さらには過剰な窒素沈着としてのアンモニア(NH_4)などの微量ガスが取り上げられている。それら微量ガスの大気中への発生メカニズムや大気中における動態、あるいは大気中の濃度増加の結果として起こる様々な環境変化に対して、植

物がいかに反応しているかを、数多くの執筆者がその専門的な目から解説している。なお、編者であるDr. Singhはインド国立植物研究所環境科学部に所属し、大気汚染、メタン、N_2Oなどと植物との係わりを研究している熟年の研究者である。

本書は1章から7章まで、地球温暖化の主要な原因である化石燃料の燃焼産物のCO_2に関する問題に紙面の多くを費やす。養分と水が十分供給される状況ならば、作物の生産力と収量は大気中のCO_2濃度増加によって増大する。しかし、温度の上昇とオゾン濃度の増加などの要因も加わった環境においては、光合成、光呼吸、気孔コンダクタンス、水利用効率、転流、炭素分配、ダウンレギュレーション、篩部ローディングなど植物の生理生化学的な特性が異なる。そこで、これらについての詳細な影響が検討されている。また、気候変化に対する森林の炭素固定や炭素プールも論議される。

8章から9章は、農耕地などの土壌の微生物によって生成されるCH_4とN_2Oに関するものである。CH_4は湿地と水田の土壌において、嫌気的条件下でメタン生成バクテリアによって生成されている。水生植物は底質土壌のメタン生成には直接的な影響を与えてはいないが、底質土壌から大気へのメタン輸送のためのパイプとしての役割を果たしており、湿地からのメタンフラックスに影響を与えている。水田からのメタンフラックスの日変化、季節変化および年次間変化は、土壌特性、植物の活性や農業の管理手法によって大きく変化する。ここでは、環境にやさしくかつ費用対効果が高い戦略として、メタン発生を抑制する技術が詳述されている。

9章では埋め立て地からのメタン発生について書かれている。ここでは、メタン酸化菌の生息する表面土壌をうまく利用して、メタン発生を抑制する技術が詳述されている。

10章および11章はN_2Oに関するものである。ここでは、N_2Oの酸化（硝化作用）および嫌気（脱窒

作用）条件下での生成メカニズム、地球温暖化現象と成層圏オゾン層の破壊における N_2O の関わり、N_2O フラックスと酸化を制御する土壌的要因と環境的な要因、さらに、発生を制御する技術などが紹介されている。

12章では、対流圏オゾンの増加が過去、現在および未来において、農作物の生長・収量、森林の衰退、さらに様々な自然植生に及ぼす影響が解説されている。13章では、成層圏オゾン層の破壊に伴って増加する紫外線（UV-B）の農作物への影響が論議されている。UV-Bの増加は植物の生理的なプロセスを変化させることによって、農作物の生長と収量に影響を与えるかもしれないこと、その一方で、現在までの野外におけるUV-B照射実験では、予想される程度のオゾン層破壊では、農作物の生長・収量の減少にはあまり大きな影響がないと考えられることなどが紹介されている。

最後の14章と15章では、気候変化と窒素沈着との間の相互作用と、大気アンモニアの作物と森林生態系への毒性影響と養分的な影響が概説されている。

本書は、気候変化の領域で行われている研究と植物の生育との密接な関係を、最近の情報を中心にまとめている。なかでも、気候変化によって世界的な食料の供給と人間の健康への危険が差し迫っているという観点から、人為的な温室効果ガスの発生を抑制するための緩和策が紹介されている。気候変化の脅威を先に延ばせるような国家的、国際的なレベルで採用されるべき将来の戦略、あるいはその脅威を抑制できる戦略を垣間見ることができる。本書は、地球規模の気候変化が及ぼす農業、森林および草原への影響に関心をもつ研究者や環境保護に積極的に行動している人達には、得るものが多い書である。

なお、本書の「10章 農耕地から発生する亜酸化窒素」の著者は陽 捷行（北里大学教授）、

60

「13章　成層圏オゾン層破壊に伴う紫外線（UV-B）増加が農作物へ及ぼす影響」の著者は野内勇氏（農業環境技術研究所）である。

アジア環境白書2000/01

日本環境会議「アジア環境白書」編集委員会編
東洋経済新報社　2000年　2993円（397ページ　A5判）ISBN: 9784492442647（4492442642）

NGO版『アジア環境白書』シリーズの第一弾として『アジア環境白書1997/98』（創刊）が世に送りだされたのは、1997年のことである。その後、わずか3年の間に、アジア地域の政治・経済・社会・環境は激変した。たとえば大陸中国では、各種の公害被害や環境破壊に対する人びとの関心や取り組みが急速に高まっている。『アジア環境白書1997/98』で打ちだされた基本メッセージは、"地球環境保全はアジアから！" というもので、アジア地域における足元の現実を重視し、地道な取り組みの積み上げが地球環境の保全への道を開く第一歩であるとしている。

本書は、テーマ編（エネルギー・鉱山開発と公害・廃棄物・海洋環境・地方自治）、各国・地域

編（フィリピン・ベトナム・インド・日本・韓国・タイ・マレーシア・インドネシア・中国・台湾）およびデータ解説編（所得格差と消費の拡大など23項目）から構成されている。

生命誌の世界

中村桂子著
日本放送出版協会　2000年　913円（245ページ　B6判　ISBN: 9784140841198 (4140841192)

「誤解を招くかもしれませんが、あえていうなら、新しい神話をつくっていく必要があると思うのです。といっても、科学と科学技術を捨てるというのではありません。歴史のなかで獲得してきた新しい知識は十分に生かして、しかし、生きる喜びを大切にするための世界観を作りあげたいと思うのです。そのためには、自然・人間・人工（都市・制度・政治・経済・科学技術など）の関係を明確にする必要があるのではないでしょうか」。「科学が、分析・還元・論理・客観を旗印にしているために、そこでおこなわれた生命現象の解明が、まるのままの生きものや人間とはなにかという日常の問いへの答えにつながっていかないもどかしさを感じるのです」。「生命誌とはなにか。それは追い追い語っていきますが、基本を科学に置きながら生物の構造や機能を知るだけでなく、生きものすべての歴史と関係を知り、生命の歴史物語（Biohistory）を読みとる作業です」。これらは、いずれも本書の「は

宇宙は自ら進化した──ダーウィンから量子重力理論へ

リー・スモーリン著　野本陽代訳
日本放送出版協会　2000年　2940円（501ページ　B6判）
ISBN4: 9784140805480 (4140805489)

「私たちの住む宇宙は今から140億年の昔、『無』から生まれた。その宇宙はインフレーションと

じめに」にみられる文章である。まさに、36億年の物語を読みとる楽しみのある本である。
この本は、著者がおこなったNHKの「人間講座」の講義に基づいているためか、話し言葉で書かれており親しみやすい。21世紀の人と社会のあり方について考える多くの人びとに読んでいただきたい本である。
生命の共通するパターンが提示される。「積み上げ方式」「内側と外側がある」「情報によって組織化され、しかも、独自のものを産みだす」「少数の主題で数々の変奏曲を奏でる」「常につくられたり壊されたりしている」「循環が好き」「最大より最適が合っている」「協力的な枠組みのなかで競争している」「生きものは相互に関係し依存し合っている」。著者は、この生命誌から見えてきたものを考慮した社会づくりも提唱している。生命誌は、哲学であり社会学であり、人間論でもある。

呼ばれる急激な膨張を経て、火の玉宇宙となり、それが膨張し冷却するなかで、今日の世界が創られた」

今日の科学的宇宙論のパラダイムはここにある。物理学の法則の縦糸と、偶然性と自己組織化という横糸によって、単純なガスから人類自身を含む実に多様で美しい構造が織られたのである。

しかし、この縦糸と横糸をほんの少しでも変えると、このパラダイムでは、もはや星も地球も人類も作られなくなってしまうといわれる。

本書で著者は次のことを述べている。「完全で永遠の数学法則を発見するだけで宇宙の基礎を本当に把握できるだろうか、と私が疑問を抱くようになったことである。別の視点に立つと、物理世界で見られる秩序と規則性の多くは、生き物の世界の美と同じようにして生じたものかもしれない、と想像できるようになった。すなわち、自己組織化によって、宇宙は時間とともに複雑な組織へと進化した」

本書は5部に分けられている。それぞれは宇宙の完全な理論ならば答えなければならない簡単な質問をもとに組織されている。その質問は次のような順序で示される。

1 宇宙にはなぜ生命が存在するのだろうか？ 星がたくさんあるのはなぜだろうか？

2 素粒子の特性を決定するただひとつの基本理論があるのだろうか？ それとも自然の法則そのものが進化したのだろうか？

3 宇宙にこれほど多様な構造があるのは偶然だろうか、それとも必然だろうか？　宇宙がこれほど興味深いのはなぜなのだろうか？
4 空間と時間とはなんだろうか？
5 宇宙のなかにすんでいる私たちが、どうしたら宇宙全体の完全で客観的な記述を作ることができるのだろうか？

著者は無限に作られる宇宙が自ら子を産むとき、もっとも多くの子孫を残せる宇宙が、あたかも生物の進化のように、勝ち残っていくという仮説を立て、人間原理の考えを発展させている。その宇宙の「遺伝子」を伝える具体的プロセスなど根拠は薄弱だが、実に魅力的なワクワクとさせられる仮説である。

縄文農耕の世界——DNA分析で何がわかったか

佐藤洋一郎著

PHP研究所　2000年　(218ページ　新書) ISBN: 9784569612577 (4569612571)

農耕文化は従来弥生時代の水田稲作の渡来が起源とされてきた。だが、三内丸山をはじめ縄文遺

農的循環社会への道

篠原 孝著

跡で発掘されるクリは栽培されたものではないか？　縄文人は農耕を行っていたのではないか？

著者によれば、「ヒトの手が加えられるにつれ植物のDNAパターンは揃ってくる」という。その特性を生かしたDNA分析によって、不可能とされていた栽培実在の証明に挑む。本書では、定説を実証的に覆した上で、農耕のプロセスからそれがヒトと自然に与えた影響にまで言及する。生物学から問う新しい縄文農耕論である。

第1章は、著者が縄文農耕という問題に関心がむいたクリの栽培化について解説される。ここでは、栽培というヒトの行為によって、クリという植物にどういう変化が起きたかが書かれている。第2章は、縄文時代に見られたクリ以外の栽培植物とその栽培が記述されている。第3章には、農耕がヒトそれ自身やその社会、さらには生態系に及ぼす影響が書かれている。第4章では縄文農耕の意味づけが試みられる。

創森社　2000年（322ページ　B6判）　2100円　ISBN: 9784883400850 (4883400859)

著者は、はじめて「環境保全型農業」という言葉を創出した現役の農業総合研究所の所長(2006年末現在衆議院議員)である。今では誰でもすぐに理解できる言葉だが、この言葉が世間に定着するのに20年近くの歳月を要した。

これは、著者の20年来の持論をまとめた21世紀の世直しの本である。

本書の展開に当たって著者の頭にあるキーワードは、循環社会は農業から・地球生命の危機・農業と21世紀の課題・持続的発展・ムダな生産・不必要な移動・自立国家をめざす、であろう。著者は提言する。国内農業を犠牲にする「加工貿易」至上主義を捨てろ。水・土・森林・海を生かす循環社会に転換しないかぎり日本の将来はない。日本の加工貿易は「資源収奪型」で「環境破壊型」だ。工業製品を売りまくるため、いらない食料を買わされ国内農業を衰退させる道は「狂気のさた」だ。加工貿易立国の呪縛から抜けだしエネルギーを「地産地消」する循環型社会を目指せ。バブル経済崩壊後の経済低迷の呪縛から脱却するために、さまざまな対策が講じられてきた。だが一向に成果は表れない。著者は、そうした原因が経済構造そのものにあるとの認識に立ち、混迷から脱却する方策を示している。農業を基盤に据えた「農的循環社会」に裏づけられた「適度なサイズ」の経済への転換こそが、最善の策と訴える。

水と生命の生態学——水に生きる生物たちの多様な姿を追う

日高敏隆 編

講談社　2000年　1029円（268ページ　新書）　ISBN: 9784062573085 (4062573083)

　琵琶湖にイサザという魚がいる。世界中で日本の琵琶湖にしかいないハゼの仲間で、いわゆる琵琶湖の固有種であるが、昔から琵琶湖にはたくさんいて、琵琶湖の重要な水産資源である。けれどこの魚についてはわからないことがたくさんあった。

　なぜ世界中で琵琶湖にしかいないのか？　なぜほかの湖には棲めないのか？　この魚は昼は深さ30メートルから100メートルの湖底にいて、夜になると表層近くに上がってくる。そして食物を食ったら下降を始め、朝には深い湖底にもどっている。なぜそんな大変なことをしているのか？

　幸いにして世界でも有数の古い湖である琵琶湖をもつ滋賀県は、でき始めから数えれば400万年、今の琵琶湖になってからでも10万年といわれるこの古代湖に、大きな関心を持ってきた。そこには琵琶湖固有の、つまり世界中で琵琶湖にしかいないさまざまな生き物がいて、そこで何十万、何百万年も昔から互いに複雑な関係をもちながら生活し、進化してきた。それは大きくいえば、琵琶湖の生態学である。

そこで滋賀県では1990年、生態学琵琶湖賞という賞をつくり、水に関わる生態学で、卓越した研究成果をあげた研究者にこの賞を贈ってその業績を讃えることにした。以来すでに10年。そこでこれまでの9年間にこの賞を受けられた人々の研究を改めて読み直してみると、これがまたじつにおもしろい（以上、著者の「まえがき」から抜粋）。

第1回（1991年）から第9回（1999年）の生態学琵琶湖賞受賞者18人の研究者たちの生々しい記録の中に、われわれは現実の生態学の姿を見ることができる。

リスク学事典

日本リスク研究学会編

増補改訂版　2006年　9450円（436ページ　B5判）

TBSブリタニカ　2000年

ISBN: 9784484004075 (4484004070)

ISBN: 9784484062112 (4484062119)

農業環境技術研究所のホームページ (http://www.niaes.affrc.go.jp/) に掲載されている『情報─農業と環境』No.9の"21世紀に期待される農業環境"において、「環境とは人間と自然の間に成立するもので、人間の見方や価値観が色濃く刻み込まれたものです。だから、人間の文化を離れた

環境というものは存在しない」と述べられている。しかし、これまでの環境にかかわる書籍は自然科学系や社会科学系の各専門分野の領域において、それぞれ個別に書かれたものが多く、人間の見方や価値観など文化をも取り入れ、専門分野を超えた総合科学として環境問題を論じた書籍は少なかったように思う。

　本書はリスク研究者ばかりでなく、広く環境に関わる研究者・施策者・学生・市民にも環境が我々の身近な生活の問題として実践するにあたっての良き指針となる書である。なぜなら、本書の目指すところは、自然環境および社会環境と人間活動とのかかわりにおいて生じるリスク事象について解析・評価し、リスク情報の伝達・意志決定・リスクの対処方法ならびに施策決定方法を紹介しているからである。刊行にあたって、本書の理念が次のように述べられている。「市民社会の進展に合わせて、リスクを適切に認知・解説・評価し、個人と社会が適切な対応策をとり、リスクと賢くつきあいながら、生活の質を高めつつ、持続的に発展する経済社会を構築してゆくことが重要である」。

　本書は『リスク学事典』となっているが、物や事からの内容を画一的に説明した従来の「事典」とは異なり、体系的にわかりやすく編成されている。

　本書は以下に示すように、第1章の概説ではリスクの概念と方法として全体の内容をまとめている。第2章では、環境リスクの概念が従来の「(化学物質による) 環境保全上の支障を生じさせる恐れ」から、「ある技術の採用とそれに付随する人の行為や活動によって、人の生命の安全や健康、資産並びにその環境に望ましくない結果をもたらす可能性」へと広義に定義されている。例えば地球温暖化・オゾン層破壊などは、地球規

模のリスクであると同時に次世代にまで影響を与えるから、グローバル・次世代リスクと呼ばれ、様々なリスクが登場する。これら各種のリスクの内容と対応について紹介している。

第4章では、遺伝子組み換え技術やクローン技術など生命科学が生みだす技術リスクの受容水準やこれらの高度技術社会において「どれくらい安全なら十分なのか」など技術がもたらす倫理問題が紹介される。

第6章では、リスク評価手法として人への健康影響評価と、環境中の生物へのリスク評価の手法と今後の課題が紹介される。また、システムズアプローチによるリスク評価の考えとして、財生産・消費・廃棄の過程で、物質や水・呼気・食品を介したシステムにおける物質系リスクの構造把握、食物連鎖を介し化学物質等による生物多様性の減少程度の推定などの評価法が紹介される。

第7章では、リスクとリスク認知の相違及びリスク認知の心理学的測定法が紹介される。また、リスクとなる対象物のもつポジティブな側面だけではなく、ネガティブな側面についての情報、すなわちリスクをリスクとして公正に伝え、行政・企業ばかりでなく市民も含めた関係者が共考しうるコミュニケーション「リスクコミュニケーション」の理念とその手法が紹介される。第8章では、これらを学際的立場から健康・安全・環境にかかわるリスクマネージメントの研究は、これまで公衆衛生・防災科学・安全工学・環境工学などで個別的に取り扱われてきたが、これらを学際的立場から系統立てて整理し、総合的政策科学として紹介している。

Cadmium in Soils and Plants

Eds., M.J. Mclaughlin and B.R. Singh

Kluwer Academic Publishers　pp. 271　2000　ISBN: 9780792358435 (0792358430)

　FAO／WHO合同のCODEX（合同食品規格委員会）が食品中のカドミウム濃度の基準を制定しようとしていることは、すでに『情報—農業と環境 No. 1』（農業環境技術研究所ホームページ http://www.niaes.affrc.go.jp/）で紹介した。この本は、カリフォルニアのバークレイで1997年に開催された『第4回国際微量元素の生物地球化学会議　土壌・植物・食物連鎖におけるカドミウムシンポジウム』を編集したものであるが、引用には1999年の論文も登載されている。さらに、最終章では将来の研究展望も示されている。

　内容は、土壌および植物のCd、Cdの環境化学、土壌溶液のCdの化学、土壌固相および液相のCdと土壌表面との反応、人間活動と土壌Cd、植物によるCdの吸収・転移・蓄積のメカニズム、作物のCd濃度に影響を与える営農管理、土壌微細植物・動物相に及ぼすCdの悪影響、土壌Cdと人間の健康への脅威、土壌および植物のCdに関する研究展望など、多岐にわたる。

環境の哲学——日本思想を現代に活かす 講談社学術文庫

桑子敏雄著

講談社　1999年　1050円（310ページ　文庫）　ISBN: 9784061594104 (4061594109)

著者は「環境」を「空間の豊かさ」ととらえ、その「空間」は人間が規定するという。また、空間の履歴なしには、自己は存在しないとして「環境」を解説する。このことを、西洋近代哲学の父デカルトの「個」からはじまって、ヘーゲルの「国家・民族」、ハイデガーの「歴史・民族・精神」、さらには和辻哲郎の「空間と時間の統合」を説明しながら解く。また、熊沢蕃山の環境土木の哲学と業績を示したり、西行や慈円などの環境に対する考え方を紹介したりして、環境の哲学が語られる。

1万年目の「人間圏」

松井孝典著

ワック株式会社　2000年　1785円（227ページ　B6判）　ISBN: 9784898310212 (4898310214)

著者は別のコラムで次のようなことを語っている。「今年は、21世紀の幕開けであると同時に、

次なる千年紀の始まりでもある。しかし次なる千年も我々が現在のような生活を続けられるか否かは、21世紀に我々がどのような選択をするかによっている。それは、我々の祖先が約1万年前、狩猟採集という生き方に別れを告げ、農耕牧畜という生き方の選択をした、そのようなレベルの重い選択である」

著者は「惑星としての地球」という観点から、今日の資源・エネルギー問題、環境問題を見すえている。したがって、次のように語る。人間が存在する以上、環境汚染は必然的に起きるのであり「地球にやさしい」という発想は安易だ。人間圏は地球システムを一方的に搾取し「寄生」しているのであり、「自然との共生」の主張は現実を直視していない。このような刺激的な発言が十分な説得力を持っている。

46億年の地球誌の中で、約1万年前に時代を画する事件が起こった。それは、人類が農耕牧畜の開始によって、地球システムのなかに、人間圏という新たな物質圏を分化させ、地球システムの物質・エネルギーを直接利用する存在に変貌したということである。われわれは、通常、歴史を10年、100年、あるいはせいぜい1000年の単位でしか考えない。しかし、万、億年単位という超マクロな視点を取ることで、初めて見えてくる問題群が確実に存在していることを本書は教えてくれる。

環境土壌物理学——耕地生産力の向上と地球環境の保全

ダニエル・ヒレル著　岩田進午・内嶋善兵衛監訳

農林統計協会　2001年　4200円（322ページ　A5判）　ISBN: 9784541027610 (4541027615)

Ⅲ　環境問題への土壌物理学の応用

1950年代に土壌中の水の存在状態（水ポテンシャル）と移動係数（不飽和透水係数）が定量化できるようになり、1970年代前半の電子計算機の発達により、土壌物理学は土壌中の水や物質移動、植物の養水分吸収等をモデル化し、非常に多くの知見を発表してきた。しかし、このような土壌物理の取り組みは、実際の畑における土壌の複雑さ、植物の能動的反応を取り込むことができなかったため、やがてその魅力を失っていった。一方、1980年代になると土壌汚染という環境問題がクローズアップされるようになった。元々、土壌中の物質移動を得意としてきた土壌物理学は、土壌化学、土壌微生物学と一緒になって化学物質の移動・拡散の研究に取り組むようになった。また、実験室レベルからより大きな野外スケールへと研究領域をひろげ、現象の把握と実態の解明（モニタリング）に精力をつぎ込んでいる。

エリエル（老）教授は20世紀後半に非常に活躍した土壌物理の第一人者であり、農業環境技術研究所においても「土壌の科学」について講演をしていただいたことがある。科学を大変分かりやす

く説明する名人である。農業と土・水資源との関わりを書いた『OUT OF THE EARTH』は、CarterとDaleの『TOP SOIL AND CIVILIZATION』にも匹敵する。

本書は、1980年に出版した基礎編、応用編の2冊の土壌物理学の本をもとにしながら環境への視点を取り込んでいる。そこで、本のタイトルも土壌物理学から環境土壌物理学に変更し、学生の興味をそそるようにしている。しかし、環境土壌物理学は確立されたものではない。序文の注に、老教授が20年前と同じ問題を学生に与えているのを見て卒業生が驚き、老教授は「問題は同じであるが解答は違っている」と返答している文章がある。第3者に言わせる形で本書の内容を著者自身が明らかにしている。つまり、物質移動を中心とした環境問題の解決は、今までの土壌物理学と離れたところにあるのではなくその延長上にあるということである。

農業環境問題は、多くの分野が共同して取り組まなければ解決が難しい。その中で、土壌物理分野の基礎的知識としては、本書の内容が大体理解できれば良いという感覚で、多くの研究者に読んでいただきたい。それにしても、3分冊のうちの第1分冊だけでも、300ページを超えるような大著を読むのは大変だ（訳者はもっと大変だっただろう）。ゼミ型式の利用法が適当かも知れない。

翻訳者は、粕渕辰昭（山形大学農学部）、加藤英孝（農業環境技術研究所）、高見晋一（近畿大学農学部）、長谷川周一（農業環境技術研究所）である。

76

社会的共通資本 岩波新書

宇沢弘文著

岩波書店　2000年　819円（239ページ　新書）　ISBN: 9784004306962 (4004306965)

大気汚染、水質汚濁といった産業公害問題は、その大方を科学技術によって解決してきたし、今後もされるであろう。しかし、地球環境問題や食料問題を解決するには科学技術のみでは解決が不可能であり、社会システムの改変が不可欠となってくる。このため、技術系の研究者もこれらの問題を解決するためには、社会・経済的アプローチを理解することが必要である。この本は経済学者が技術系の研究者にも分かりやすく、簡潔に書かれた環境問題を思索した書である。

著者は序章で次のように述べている。「20世紀の世紀末を象徴とする問題は、地球温暖化、生物多様性の喪失などに象徴される地球環境問題である。とくに、地球温暖化は、人類がこれまで直面してきたもっとも深刻な問題であって、21世紀を通じて一層、拡大し、その影響も広範囲にわたり、子や孫たちの世代に取り返しのつかない被害を与えることは確実だといってよい。地球温暖化の問題は、大気という人類にとって共通の財産を、産業革命以来、とくに20世紀を通じて、粗末にして、破壊しつづけたことによって起こったものである。人間が人間として生きて行くた

めにもっとも大事な存在である大気をはじめとする自然環境という大切な社会的共通資本を、資本主義の国々では、価値のない自由財として、自由に利用し、広範にわたって汚染しつづけてきた。また、社会主義の国々でも、独裁的な政治権力のもとで、徹底的に汚染し、破壊しつづけてきたのである」。そして「20世紀の世紀末的な状況を超えて、新しい世紀の可能性を探ろうとするとき、社会的共通資本の問題が、もっとも大きな課題として、私たちの前に提示されている」と、本書タイトルである「社会的共通資本」の重要性を説明している。

第1章で著者は次のように述べている。「20世紀の資本主義と社会主義の二つの経済体制の対立、相克が世界の平和をおびやかし、数多くの悲惨な結果を生みだして、20世紀末の世界社会主義が全面崩壊する一方、世界の資本主義の内部矛盾が90年代を通じて、一層拡大化され深刻な様相を呈しつつある。この混乱と混迷を越えて、新しい21世紀への展望を開こうとするとき、もっとも中心的な役割を果たすのが制度主義の考えである。制度主義は資本主義と社会主義を越えて、すべての人々の人間的尊厳が守られ、魂の自立が保たれ、市民的権利が最大限に享受できるような経済体制を実現しようとするものである」。また、「制度主義のもとではさまざまな社会的共通資本を管理する社会的組織のあり方である」。「制度主義の経済制度を特徴づけるのは社会的共通資本と、生産、流通、消費の過程で制約的になるような希少資源は、社会的共通資本と私的資本との二つに分類される。社会的資本は私的資本と異なって、個々の経済的主体によって私的な観点から管理、運営されるものではなく、社会全体にとって共通の資産として社会的に管理、運営されるものを一般的に総称する」

そして、第2章から第6章までは日本の場合について、著者は「社会共通資本の重要な構成要

素である自然環境、都市、農村、教育、医療、金融などという中心的な社会的共通資本の分野について、個別的事例を中心としてそれぞれの果たしてきた社会的、経済的役割を考えるとともに、社会的共通資本の目的がうまく達成でき、持続的な経済発展が可能になるためにはどのような制度的前提条件が満たされなければならないか」を思索している。

第2章の農業と農村で著者は、「資本主義的な市場経済制度のもとにおける農業とは、その市場価格体系で、各農家が受けると純所得が決まり、その所得の制度条件のもとで各農家は家族生活、子弟の教育のための支出をはじめ、種子、肥料、農薬など、農の営みに必要な生産要素を購入し、さらに新しい農地の購入、技術開発、栽培方法の改良のためにさまざまな活動と投資を行い、原則として、収支が均衡すると考える」としている。しかし、我が国の現状では、このような農業が成立することは極めて希であるから、「農業という概念規定より、農の営みという考えにもとづいて論議を進めた方がよいのではなかろうか」、「農の営みは人類の歴史とともに古く、自然の論理にしたがって、自然と共存して行くために欠くことのできない食糧を生産し、衣料類、住居をつくるために必要な原材料を供給する機能を果たしてきた。その生産過程で自然と共存しながら、それに人工的な改変を加え生産活動を行うが、工業部門とは異なって、大規模な自然破壊を行うことなく、自然に生存する生物と直接関わりを通じてこのような生産がなされるという、農業の基本的特徴を見いだすことができる。この農の営みのもつ基本的性格は工業部門での生産過程ときわめて対照的なものであって、農業にかかわる諸問題を考察するときに無視することができない」と、農の営みとその生産過程の特徴を説明している。

さらに、「農業の問題を考察するときにまず必要なことは、農業の営みがおこなわれる場、そこ

に働き、生きる人々を総体としてとらえなければならない。いわゆる農村という概念的枠組みのなかで考えをすすめることが必要である。「一つの国がたんに経済的な観点だけでなく、社会経済的観点からも、安定的な発展を遂げるためには、農村の規模がある程度、安定的な水準に維持されることが不可欠である」、これまで「農村の果たす、経済的、社会的文化的な人間的な役割の重要性にふれてきた。資本主義的経済体制のもとでは、農村と農村の間の生産性格差は大きく、市場的な効率性を基準として資源配分がされるとすれば、農村の規模は年々縮小せざるをえないのが現状である。さらに国際的観点からの市場原理が適用されることになるとすれば、日本経済は工業部門に特化して、農業の比率は事実上、消滅するという結果になりかねない」、このため「まず、要請されることは、農村を一つの社会的共通資本と考えて、社会的観点から望ましい水準に安定的に維持することである。」そして「農村の規模をある一定の、社会的観点から望ましい水準に安定的に維持することである」。そして「農村を一つの社会的共通資本と考えて、人間的魅力のあるすぐれた文化、美しい自然を維持しながら、持続的な発展をつづけることができるコモンズを形成しようということである。しかし、このような環境的条件を整備するだけでは工業と農業との格差は埋めることはできない。なんらかのかたちでの所得補助が与えられなければ、この格差を解消することは困難である」と、述べている。

しかし著者は、「一戸、一戸の農家経済的、経営的単位として考えないで、コモンズとしての農村を経済的主体として考えようというとき、日本経済の存立の前提条件である経済的分権性と政治的民主主義に根元的に矛盾するのではないかという疑問」を提起し、この疑問を解決するために、生物学者のガレット・ハーディンが1968年『サイエンス』に寄稿した論文——共有地の悲劇——を引用し、コモンズの理論について詳しく説明している。この論文が出されると、文化人類学者、

エコロジスト、経済学者たちの間で大きな論争が展開され、持続的可能な経済発展というすぐれて現代的課題を考察するに中心的役割を果たしたが、この論文から著者はコモンズについて次のように解説している。

「コモンズとは、もともと、ある特定の人々の集団あるいはコミュニティにとって、その生活上あるいは生存のために重要な役割を果たす希少資源そのものか、あるいはそのような希少資源を生み出すような特定の場所を限定して、利用にかんして特定の規約を決めるような制度を指す。伝統的なコモンズは灌漑用水、漁場、森林、牧草地、焼き畑農耕地、野生地、河川、海浜など多様である。さらに地球環境、とくに大気、海洋そのものもコモンズにあげられる」、そして、著者は「コモンズはいずれも、ここでは各種のコモンズについてその組織、管理のあり方について注目したい。とくに、コモンズの管理が必ずしも国家権力を通じておこなわれるのではなく、コモンズを構成する人々の集団ないし、コミュニティーからフィデュシアリー（fiduciary 信託）のかたちで、コモンズの管理が信託されるのがコモンズを特徴づける重要な性格である」と、述べている。

なお、『コモンズの悲劇』——その22年後』（D・フィーニィ、F・バークス、B・J・マッケイ、J・M・アチェソン著、田村典江訳　エコソフィア 1 76-87 1998年）は、『コモンズの悲劇』後の文化人類学者の考えが理解できるので、この論文を併せて読まれることをお奨めする。

第1章では、地球温暖化と生物種の多様性の喪失などという地球環境に関わる問題について、人類全体にとっての社会的共通資本の管理・維持という観点から考察している。著者は自然環境

を経済理論から定義し、「自然環境とは森林、草原、河川、湖沼、海洋、水、地下水、土壌、さらに大気などを指し、森林とは、森林に生息する生物群集、伏流水として流れる水も含めた総体である」としている。「自然環境は経済理論でいうストックの時間的経過は、生物学的、エコロジカル、気象的な諸条件によって影響され、きわめて複雑に変化する。このため、工業部門における「資本」の減耗あるいは資本とは本質的に異なる」「また、自然環境を構成するさまざまな要素は相互作用など複雑な関係が存在し、自然環境の果たす経済的機能に大きな影響を与える。

このため、自然環境の果たす経済的役割は工場生産のプロセスにみられる決定論的、機械論的な関係を想定できず、本質的に統計的、確率理論的な意味を持つ」と、述べている。また、著者は1994年ナイロビで開催されたIPCCの「気象変化に関する倫理的、社会的考察」のコンファレンスで発表されたアン・ハイデンライヒとデヴィド・ホールマンの論文「売りに出されたコモンズ——聖なる存在から市場的財へ」を引用している。この論文は自然環境が文化、宗教とどのようなかたちでかかわっているかを考察している。その中で、「アメリカ・インディオが信じていた宗教は、自然資源を管理し、規制するためのメカニズムであり、その持続的利用を実現するための文化的伝統であった。これに対して、キリスト教の教義が自然に対する人間の優位に関する理論的根拠を提供し、人間の意志による自然環境の破壊、搾取に対してサンクションを与えた。同時に自然の摂理を巧みに利用するための科学の発展も、キリスト教の教義によって容認され、推進されていった」という内容、すなわち、環境の問題を考えるとき、宗教が中心的役割を果たしていることに著者は注目している。

さらに、著者は環境と経済の関係について、この30年ほどの間に本質的に大きな変化が起こりつつあることを、第1回環境会議と第3回環境会議から考察している。著者は「第1回環境会議の主題が公害問題であったのに対して、第3回環境会議では地球規模の環境汚染、破壊が主題であった」、なかでも「地球温暖化の問題の特徴について述べ、地球温暖化問題は公害問題に比較して、その深刻性、緊急性は遙かに小さく、その直接的な影響は軽微である。しかし、地球全体の気候的諸条件に直接関わりをもち、また、遠い将来の世代にわたって大きな影響を与えるという点から見て決して無視することのできない深刻な問題を提起してる」と、述べている。また、この問題に対する経済的対応策として第3回環境会議において持続可能な経済発展の概念が提案され、定常状態と経済発展について述べている。さらに、著者は地球温暖化を防いで安定した自然環境を長期にわたって守っていくための方策として、社会共通資本の理論から炭素税、二酸化炭素税、さらには環境税の考えを提案し、スウェーデンの炭素税制度を紹介している。

地球温暖化の日本への影響2001

環境省地球温暖化問題検討委員会編

環境省　2001年

『地球温暖化の日本への影響2001――進む温暖化、予防とともに今から適応策を』が、環境省地球温暖化問題検討委員会の「影響評価ワーキンググループ」（座長　西岡秀三）によってまとめられた。本報告書で集約評価された研究から得られる主な結論は以下の通りである。原文のまま。

1　気候変動がすでに日本列島に現れつつある。

　日本ではこの100年間に1℃の気温上昇がみられ、異常高温発生件数が増加している。この上昇は、ここ140年間で0.8℃であった地球の平均地上気温上昇を上回るものである。世界及び日本列島に対する温暖化は、最近の15年間で0.2℃/年と生態系の適応からみて危険とみられる早さで進行している。自然環境等への影響はすでに世界の随所にみられ（IPCC第3次評価報告書）、日本でもオホーツク流氷の減少、植物開花時期のはやまり、動植物の生息域移動など幾つかの兆しが観測されている。

2　気候変動とその影響は確実に進行し、30年後には危険なレベルに達し、その後加速

する。

IPCCによって予測されている今後100年の地球規模での気候変動は、気温でみて最大5.8℃上昇するとされているが、これは1万5千年前におきた氷河期から現在の間氷期への上昇約5℃と比較しても極めて大きな変化である。また、数10億人の人類が歴史上初めて経験する温暖な時代であり、その変化速度は過去千年のいかなる世紀と比べても最も著しい。IPCCはまた、数度程度の上昇までだと利益を得る地域も一部はあるものの大半の人口は損害をうけ、それ以上になると全世界に被害が及ぶと判断している。

日本列島の気候変化を予測するための地域気候モデルが開発されてきているが、境界条件に用いる全球気候モデル間の予測の違いのため、列島各地での気候変動予測を確実に行うまでには至っていない。

それでも、列島全体での気候変動予測をIPCCの全球的予測をもとに行うと、現在の気候変化の傾向は、干ばつや豪雨など異常気象の頻度増加を伴いながら徐々に進行する。IPCCの全球平均の予測では、1990年ころに比べ、2030年～40年には0.5～1.5℃、2050年ごろには0.8～2.6℃程度の地上気温の上昇となる。2100年にかけては1990年ころに比べ1.4～5.8℃の上昇となる。日本付近の地上気温は世界平均より大き目の上昇が予測され、上昇量は、北ほど、かつ大陸に近い西ほど大きいと予測される。海面水位の上昇も世界平均では100年間に9～88㎝（IPCC予測）より高めと予測され、海岸線・湾の形状や海流によって海水面上昇がさらに増幅される場所が生じる。

3 こうした気候変動は、生態系、農業、社会基盤、人間健康などに多大な影響を与え、我々の生活形態を一変させるであろう。

例えば、ハイマツ、オコジョ、ライチョウなどの高山生態系の分布域は縮小、ブナ林はミズナラ林に移行する。スギ造林地は競争樹種が増え管理がより困難となる。昆虫類の高緯度高山域への移動が見込まれ、病害虫被害の地域変動がみられる。草地の移動が顕著になり、50年後には亜寒帯植生が石狩低地以南から消滅、冷温帯植生も九州・四国・紀伊半島から消滅、九州には亜熱帯植生が出現する。山岳・小島嶼・小面積樹林での固有植物群落の消滅で遺伝子プール保存が困難になる。

温暖化すると渇水が起きる可能性が高い。過去の例では水需要は3℃の温度上昇で1・2～3・2％増加する。3℃の温度上昇は10％の降水量増加で相殺される可能性があるが、洪水は増加する。河川の融雪流出時期が早まり4～6月の流量が減少する。河川水温上昇でオショロコマ、イワナ等冷水魚の分布域が縮小する。温暖化速度が生態系の追従速度を超えているため、種の置換もまず多様性は低下する。

海水面上昇により東北・北陸部などの低海岸地域で農業土壌の地下水上昇、塩類化が進行、気温上昇による土壌呼吸量増加により土壌有機物の無機化が早まり、土壌微生物相は単純化する。コメは比較的高緯度地域では増産、低緯度地域では高温による生育障害がおこる。CO_2による施肥効果は高温による不稔などで相殺され複合的にみると負の効果が予測される。コメの国際貿易量は生産量の5％程度にすぎず、日本や中国など一国での生産変動が国際市場での価格の変動を

増加することがこれまでの例からの予測される。

大豆、小麦、トウモロコシなど輸入に頼る作物は、国内生産変動より、輸入先国の降水量変動影響を大きく受ける。アジア地域での食料必要量は2050年までに現在の2倍に達するため、ここでの食糧生産変動は地域の政治・経済に大きな影響をもつ。

気温上昇で降水量増がともなわなければ林業生産力は低下する。昆虫の越冬可能地域が北へ広がる。また、温暖化により雑草が繁茂しC3植物からC4植物へ優占種が移る時期が早まる。温暖化で世代交代が早まるが天敵増などもあり害虫被害状況については更なる研究が必要である。

海面水位の上昇により、東京湾等内湾の潮汐振幅が減少し海水交換が困難になり、汚染が進行する。65cmの上昇で日本全国の砂浜海岸の8割以上が浸食される。我が国干潟の平均勾配は1/300であり、40cmの海面上昇で沖だし120mの干潟が消滅し、生物の産卵・保育を困難にし、渡り鳥の生態にも影響する。マングローブは50cm/100年以下の上昇ならば維持可能、サンゴ礁は40cm/100年が最大許容追従速度のため、海面水位の上昇速度がこれより大きいと危険な状況となる。海水温上昇により低緯度の海洋プランクトンが日本近海に出現する。海洋表層と底層の交換停滞により栄養塩供給が少なくなり、生物種の交代が起こる。オホーツク海ではアイスアルジーの減少で生産力が低下する。

1mの海面上昇により、平均満潮位以下の土地は現在の861km^{2}から2339km^{2}へ、そこに居住する人口は200万人から410万人へ、資産は54兆円から109兆円に増大する。現在と同じ

安全性を確保するためには、2.8〜3.5mの堤防嵩上げなど11兆円の対策費用が必要となる。夏の温度が1℃上昇すると、夏物商品売上が5％上昇する。夏期電力需要の40％を占める冷房需要は1℃上昇で500万kW増加し、暖房需要減少とあわせて電力の地域的な需給変動をもたらす。水力や冷却水温度上昇などによる発電能力への影響、雷雲発生増加により送電系への影響もある。スキーや自然環境資源依存のレジャー産業への影響も大きい。

肺炎の罹患率は夏期の日最高気温の上昇につれて顕著に増加する。また高齢者は気温の変化に敏感である。北上するコガタハマダラカによるマラリア、ネッタイシマカによるデング熱など、媒介動物感染症の増加が予想される。

4　以上は個別対象への影響である。社会全体にはこれらの例で代表される現象が相互に影響しあい、相乗効果でボディーブロー的影響を経済や生活に与えることになる。なお、洪水や干ばつなどの極端な現象によって生じる影響研究はほとんど未着手である。

5　予期せぬ突発的な事象の生起を否定できない。

IPCCは、南極西氷床の崩壊や海流の熱塩循環停止のような大規模な変化はこの100年間には起こらない、と予測している。しかし、生態系の変化に伴う正のフィードバックや、害虫の異常発生などについては未解明である。本報告は、これらについての評価は行っていない。

6 排出抑制策は温暖化傾向を遅らせはするが、止められない。

京都議定書による温室効果ガス削減が成功すれば、温暖化進行のタイミングを約10年遅らせることができるとみられる。しかし、温室効果ガス抑制策によって温暖化傾向を止めることは困難である。気候システムがもつ大きな慣性からみても、温暖化傾向は当面止まることなく確実に進行する。

7 国土の持続的保全にむけた長期的な適応策への考慮を、各分野対応長期計画と行政施策に今から折り込まねばならない。

日本列島への影響に対して我々は、ここ10年の間は平均的な気候の変化に徐々に対応していきながら、極端な現象から生じる幾つかの影響を念頭に、早期に対応を検討せねばならない。さしあたり降水量や温度の極値的変化、特に全体的な小雨傾向と局地・局時的な集中豪雨への対応を強化する必要がある。また、当面対応が必要とされるのは、畜産および農業 (例 農作業暦をずらせたり、品種の転換を行う) である。水需要と降水・水文変化に対応して、治水・利水への影響対応も早期に準備されるべきである。気候変動は生態系全体に大きなストレスを与える。自然生態系への影響を押し止めるのは困難であるが、高山帯・干潟・湿地・マングローブ・珊瑚礁など貴重で変動に脆弱な対象を中心に、可能なかぎりの対応をしなければならない。耐用期間が30年以上にも及ぶ、エネルギー・都市計画、土地利用・港湾・都市計画、海岸のインフラストラクチャー整備においては、設備更新にあわせて追加的に比較的コストが安く済む投資を進めておく必要がある。媒介動物の北上に対応した防疫体制強化も重要である。

温暖化影響への対応は、国土自然環境保全・気象災害防止・農林水産生産基盤確保、自然エネルギー利用など全ての行政対策と関連するので、それぞれが担当する長期計画に適応策は確実に反映されるべきである。その際、温暖化への対応がもともと持続可能な発展の一環であることを踏まえ、適応策は森林保全や自然環境の保全に十分配慮したものでなくてはならない。

8 安全保障の観点からの国際的対応が必要である。

国土面積が少なく、資源を外国に依存する比率の大きい我が国にとっては、日本列島への影響もさることながら、海外資源貿易、特に食糧の供給不安に対する安全保障が重要である。気候変動のもとでの食糧需給は、全世界・長期的にはバランスするものの、変動により地域内の地域格差が拡大するため、貿易構造や価格の変動が生じるとみられる。アジアにおける地域内の相互依存の高まりによって一国の異常がほかの地域に波及しやすい状況にある。アジア諸国への適応策強化への援助が必要である。ＩＰＣＣ報告などで示された世界的影響を踏まえ、世界貿易の枠組みの中での長期的安全保障策を練っておかねばならない。

9 気候変動に対処するため、影響監視体制、定期的評価・適応策研究の全国的システム構築が必要である。

日本列島に対する影響研究は、個別事象についてはかなりの集積がなされてきた。しかしながら、統一シナリオのもとで各担当省庁が分担して体系的に影響評価をした米国ナショナルアセスメント程のまとまりを持ったものになっていない。また、影響の早期警戒のための検出システム、

影響への適応策とその評価方法（特に社会・経済的評価）の研究は不十分である。影響はそれぞれの地域で異なった現れ方をし、そこでの住民がそれぞれの地域で変化に対応することになる。今後は国民的議論のもとで、住民・NGO・地方自治体を主体にした参加型影響検出、脆弱性評価と適応策検討を行う必要がある。

10 「予備原則」のもとで、さしあたり「公開せずにすむ政策」から進めるべきである。
気候変動への対処は、まず予防即ち温室効果ガス削減であることは間違いない。なぜならば、いったん温暖化が進行すれば、その影響を相殺する適応策には大きな費用がかかり、かつ影響は世界でも日本でも一番脆弱な途上国や分野からはじまり、貧富の格差を拡大し公平性にもとるからである。しかし、いま最大の努力を払ってもある程度の温暖化の進行は防ぎえず、適応策を積極的に進めるべき時である。

気候変動に対する脆弱性評価手法は、まだ個々の地域への影響を正確に予測するまでには至っていない。また、地球規模気候変動予測からはじまり、地域気候予測、部門別影響予測と統一的に進める評価システムの確立は当面は困難であろう。しかし全体としてどこかでなにかの大きな変動が起こることは確実であり、しかもその影響は深刻で不可逆的である。このような場合、科学的の不確実性があることをもってなにもしないことの理由としてはならない。少々のコスト増は覚悟してでも、「予防原則」に基づきリスク回避の手段をただちに打たねばならない。

災害防止の社会基盤整備であらたな投資をする際には、わずかな投資増で適応対策が可能である。またその増分投資は温暖化に対応するだけでなく、本来の災害防止をより強化するものでもある。このような「後悔せずにすむ政策」をいますぐ採用するべき時期にきている。

さらに、一部突発的な変動がありうるものの温暖化の進行が漸進的であることを踏まえて、「逐次的政策決定過程」のもとに、変化を検出し、評価予測を修正しながら常に政策にフィードバックしていく経常的メカニズムと措置を、中央および地方の行政機構の中に組み込むべきであろう。

3章「農林水産業への影響」の概要を以下にまとめた。なお、この章のコア執筆者の林陽生、共同執筆者の谷山一郎、山村光司および横沢正幸は、農業環境技術研究所に所属している。また、1章「気候(過去の気候変動の解析及び気候変化の予測)」の共同執筆者の西森基貴も、農業環境技術研究所の所属である。

土壌環境への影響

温暖化に伴って、海面上昇や温度・湿度条件の変化などが、農地の土壌環境にさまざまな影響を及ぼすだろう。現在、わが国の861平方キロの国土が満潮位以下にあり、約200万人が住んでいる。もし海面が1m上昇すると、満潮位以下の土地面積は約2.7倍に拡大し、410万人に影響が及ぶと考えられている。農地の水没や地下水上昇・塩類化が水稲を中心とした農作物生産に及ぼす影響は、農地の標高分布および養水分の保持や供給力に関係する土壌条件の違いによって複雑に異なると考えられ、比較的低位の地帯に農地が分布し、かつ保水性と供給力に富む

水田土壌が卓越している東北および北陸地方において大きな影響が現れると推定される。

また、気温上昇によって土壌呼吸量が増加するため、土壌有機物が無機化する速度が速まるものと推定される。特に高緯度地域では分解速度が促進され、その影響は水田土壌で大きいと考えられる。同時に、土壌微生物相への影響も及ぶだろう。すなわち、高温域での生存性に優れた菌群による相対的優占が起こり、土壌微生物相は単純化することが指摘されている。土壌侵食の形態も変化すると考えられ、雨量強度が増大することにより土壌侵食量は加速度的に増すことが示されている。

水稲栽培への影響

世界的にみると、コメは地球上の全人口が消費する熱量の約20％を供給する穀物である。コメを主食とする人口増加のため、2025年までに生産量を46％増やす必要があるとの予測がある。モンスーン・アジア諸国では、豊富な降水量と灌漑設備が整っている条件を背景として、比較的安定した生産量を維持している。しかし、世界の稲作の3分の1を占める天水田や陸稲栽培では、生産量は年々の気候の影響を非常に強く受けている。

日本のコメは、約200万ヘクタールの水田で約1000万トン生産されている。一般に温暖化により、比較的高緯度地域では生産量の増加が、低緯度地域では高温による生育障害が起こるだろう。また現在と同程度の収量を維持するためには、東北・北海道地方で栽培期間を早める一方、これ以外の地方では、栽培期間を遅くする必要が生じるだろう。

最近では、CO_2の濃度上昇の効果を評価する研究が進み、CO_2濃度が倍増すると到穂日数が約5％

短縮すること、乾物重や収量が約25％増加することが明らかになった。しかし、高温による不稔の発生が高CO_2濃度条件下で増加するなど、複合的にみると負の効果が予測されるため、緊急に明らかにすべき点が多い。これらの研究は、圃場試験などの実験的方法や作物生長モデルを用いた方法で精力的に研究が進んでいる。そのなかで、全国的にコメ生産量を維持するためには、高温耐性品種の開発などが有効であることが指摘されている。

水稲以外の作物栽培への影響

コムギ、オオムギ、ダイズ、トウモロコシの国内生産量は、それぞれ約58万トン、20万トン、19万トン、18万トンである。一方、輸入量は、麦類については国内生産量の7倍〜10倍、ダイズは約25倍、トウモロコシに至っては約90倍である。温暖化などによる輸入相手国の生産量変動がわが国の食料事情に間接的に影響する状況は、日本の食料安全保障に対する重大な懸念要素といえよう。高温条件でコムギを栽培した場合、出穂時期が早まる。冬コムギの場合には、出穂の早期化によって登熟期が春先の気温変動が激しい時期になるため、低温に遭遇する危険性が増すと考えられる。このことは、気温上昇のみならず低温発生率の変動といった観点で影響予測を行う重要性を意味している。ダイズについては、根圏の地温が上昇すると生育が抑制される可能性が、トウモロコシについては、出穂期に35度以上の高温に遭遇すると不稔障害が生じる危険性が認められている。

CO_2の上昇はこれらの作物の乾物重を増大させるだろう。一般に畑作物への影響予測には、降水量や土壌水分量の要素に関して気候変化シナリオの精度を向上させる点が望まれる。水稲栽培に

ついては、気温上昇とCO_2濃度上昇との複合的効果の研究に着手されているが、ムギ類、ダイズ、トウモロコシに関しては未着手の部分が多い。

害虫への影響

おもに冬季の気温が上昇することにより、昆虫の越冬可能地域が北へ広がり、昆虫分布が北上すると予想されている。しかし害虫の分布の変化は薬剤による防除の影響を強く受けるため、必ずしも気温上昇を反映しない場合もある。また、一般に昆虫は複雑な食物連鎖の中に位置しており、その発生量は競争種や天敵などとの相互作用の結果に支配されている。従って的確に予測するためには、温暖化がこれらの生物間相互作用に与える影響を考慮する必要があるだろう。

例えば、イネの主要な害虫であるメイガなどの世代交代数とこれらの天敵昆虫類の世代交代数を比較すると、クモ以外の天敵類の世代交代数が相対的に多くなる点が指摘されている。従って、水田昆虫群集については、温暖化による害虫の個体数の増加と天敵の個体数の増加との関係を定量的に明らかにする必要があるだろう。

雑草への影響

わが国の雑草種は総数で78科417種といわれる。雑草が自然植生と異なる点は、気温やCO_2濃度に対する生理生態的応答性の違いと同時に、作物栽培の時期や水田や畑といった栽培法の違いによって大きな制約を受ける点である。温度変化の影響のほか、最近では高CO_2濃度条件での影響の解明が行われるに至っているが、まだ研究例は少ない。

一般にC4植物は熱帯に起源をもち、高温乾燥条件でC3植物より活発な生長を示す。わが国のような温暖地帯では、両者のバイオマスに季節的な交代が現れる。最近の研究によると、つくば市周辺では積算温度1450℃/日でC3植物からC4植物へ優占種が移ることが明らかになった。温暖化により2℃気温が上昇すると、C4種へ交代する時期は全国的に2〜3週間早まることなどが示されている。

林業への影響

わが国は世界でも有数の人工林率を達成している。しかし、国内の木材需要量をまかなうほどの生産量は得られていない。このため現在では、輸入材への依存率は80％に達している。このことは、気候変動がわが国の林業に及ぼす影響を考える際には、アメリカ、カナダ、ロシアのほか東南アジア諸国などわが国の輸入相手国の森林への影響を考慮せずに成り立たないことを意味している。

従来わが国では、スギ、ヒノキ、マツが主要造林樹種であったが、最近では変わりつつある。これら樹林の生産力の指標として温量指数が用いられる。温暖化時の環境条件として、もし降水量が一定で気温のみ上昇すれば水分条件が悪化するため、同一の温量指数でも生産力は低下するだろう。この効果は、平均伐採期齢の延長とそれに合わせた森林計画の策定、苗木生産計画の変更などを求めることになる。同時に、法律によって規定されている苗木の配布区域や指定母樹の変更、育種区の見直しなども必要になると考えられる。

食料安全保障への影響

わが国では、高度成長のあと食生活の欧風化が進み、国内農業生産の収益性が相対的に低下するにつれて、食料の海外からの輸入が急増し、カロリーベースの食料自給率は約40％に、穀物では重量ベースで約30％までに低下している。この点で、わが国の食料安全保障は構造的に脆弱といえる。

国内で生産される主要な穀物のコメは、完備した灌漑設備のため気象条件の変化に対して比較的強いだろう。また、コメ以外の国内における主要農作物である野菜・果実類は、施設園芸化が進んでいるため、安定的生産を脅かすまでの恒常的な悪影響を予測することはできない。これらの点から、わが国において将来に食料安全保障が脅かされるとすれば、温暖化による病害虫の発生、冷害を引き起こすような異常気象の頻発などである。これに対して、海外からの輸入に頼っているコムギやダイズおよびトウモロコシなどの飼料作物は、生産国における降水量の変動の影響を直接受けるだろう。

わが国を含むアジア地域では、2050年までに食料供給必要量は現在の2倍に達することが指摘されている。海面上昇などの影響も考慮すると、大きな人口を抱えるアジア諸国で大規模な食料不安が生じた場合は、わが国への政治的・社会的影響が十分予想される。

環境と文明の世界史——人類史20万年の興亡を環境史から学ぶ

石弘之・安田喜憲・湯浅赳男著

洋泉社　2001年　756円（222ページ　新書）　ISBN: 9784896915365 (4896915364)

　この本は、環境学・環境考古学・比較文明史学の論客が、環境史の視点から人類の滅亡回避の可能性を論じた書物である。「はじめに」の一部を以下に抜粋する。

　「なぜ今、環境史に関心が集まっているのであろうか。人類史を環境の側から眺めると、それは人類の無知、無思慮、貧欲によって蹂躙され、収奪されてきた暴虐の歴史である。人類は、飢え、外敵、病気、過酷な気候、重労働から逃れるために、地表を半永久的に改変して食糧を生産し、都市を作り、人口を増やし、資源を大量に消費してきた。これが地球本来の生態系や物質循環のシステムを大きくゆがめ、深刻な環境の破壊や悪化を招いてきた（中略）こうした行為はすべて「人類の生存」という理由で正当化され、「人類の発展」と思い込んできた。だが、地球の許容限界を無視して拡大してきた人類の付けが、今日の地球環境問題となって跳ね返ってきたのだ。こうした環境への関心の高まりは、問題解決の糸口さえ見えてこない閉塞感なしには説明がつかないだろう。地球環境問題の出口を求めて、歴史に回答を求め始めたのである。イースター島も地球も資源は有限である。島民が破壊し尽くした島から逃げられなかったのと同様、人類も地球から逃げれる術はない。今こそ、イースター島のたどってきた運命を真剣に学び自覚しなければならない」

ワールドウォッチ研究所 地球白書 2001/02

レスター・ブラウン編著 エコ・フォーラム21世紀日本語版監修

家の光協会 2001年 2730円 (422ページ A5判) ISBN: 9784259545925 (4259545922)

年次刊行物の『地球白書』の創刊号は1984年に出版された。それから16年。この間、ワールドウォッチ研究所のレスター・ブラウン所長は、一貫して地球環境の変動を『地球白書』に掲載してきた。ブラウン氏は、1974年に自ら創設したこの研究所の所長から、昨年は理事長に就任した。この研究所は第2世代に入った。所長は、長年にわたり副所長を務めてきたクリストファー・フレイビン氏である。

「20世紀は火と機械の世紀だったけれども、21世紀は水と生命の世紀になる」と言ったのは、中村桂子氏であるが、これは多くの人びとに共通した思いである。本書もまた、水問題に多くのページをさいている。第2章「しのびよる地下水汚染を防ぐ」に記されているように、世界全体で15億から20億人が地下水を飲用の水源にしているにもかかわらず、その危機的状況に対する認識は低い。また、化学肥料や農薬が地下水汚染ときわめて密接に関連していることが強調される。

第4章「衰退する両生類からの警告」では、両生類の急激な衰退の報告例が紹介される。この ことは、生物界の多様性を失うということだけでなく、もっと現実的な損失にもつながることが 予測される。

環境の人類誌　岩波講座　文化人類学第2巻

青木 保・内堀基光・梶原景昭・小松和彦・清水昭俊ほか編

岩波書店　1997年　3360円（245ページ　A5判）ISBN: 9784000107426 (4000107429)

　環境科学がこれほど重要視されるようになったのは、ごく最近である。公害が大きな問題となった時代においては、環境科学は公害問題を研究する学問とさえ定義されることがあった（産業公害同友会 1977年）。しかし、環境科学が局所的な公害問題から地球環境問題まで、広範な課題を取り扱うようになった今日においては、人間と環境の関連を研究する学問分野として、自然環境だけではなく、社会環境を包含した総合的な調査・分析を必要とするようになった。このため、自然科学系の研究者であっても、人文社会学者の環境問題に対するアプローチを理解しなければ、環境問題の本質を捉えることができないと思われる。

　この本は9名の人文社会学者がさまざまな視点から環境問題を調査・分析した書であり、自然科学系の研究者が環境問題を俯瞰的に捉えるのに役立つ。また、わが国の農業の問題を市場経済の視点から解決しようとしている農学者が、生業経済の視点からみつめ直し、農の営みの本質を理解するためにも役立つ［農業と農の営みの関係については、農業環境技術研究所ホームページ (http://www.niaes.affrc.go.jp/) の『情報——農業と環境』No.11を参照］。

データで示す 日本土壌の有害金属汚染

浅見輝男著

アグネ技術センター 2001年 7350円（402ページ B5判）ISBN: 9784900041899 (4900041890)

われわれが生活している近代文明は、大量の金属に依存しなければ成立しない。歴史をふりかえってみても、人類の発展と金属の使用量との間にはきわめて深いかかわりあいが認められる。銅はすでに紀元6000年前に、鉛は紀元5000年前に、亜鉛や水銀は紀元500年前に人びとによって使われていた。堆積物、極の氷のコアや泥炭に含まれる重金属の分析から環境へのインパクトが歴史的にも明らかになっている。19世紀の産業革命以後、重金属は近代社会にとって不可欠なものになってきた。これらの重金属は、地殻から発掘され地球上のあらゆるところにばらまかれていく。有害金属の汚染である。本書は、カドミウム、銅、ヒ素による土壌汚染の法令や国の調査について紹介し、基準値決定の経緯をまとめ、批判を展開する。主題である土壌と米のカドミウム汚染問題について詳述するほか、ベリリウム、クロム、ヒ素、モリブデン、銀、インジウム、アンチモン、ビスマス、テルル、水銀、タリウムによる土壌汚染についても各地の詳細なデータをもとに解説する。図表の総数は260枚に及ぶ。

著者は、「はじめに」で次のように述べ、農業にとって「日本の土壌の有害金属汚染」問題の重要性を強調する。

「農業・農学の目的は人々に安全で十分な食料とその他の生物資源を供給することにある。その ためには環境が保全されなければならない。食料や生物資源の生産を阻害する要因は色々あるが、その中の重要なものに有害金属による環境汚染がある。有害金属のなかには、カドミウムのように植物の生育が阻害されない濃度レベルで、人を含む動物に有害となる金属もある。従って、有害金属による環境汚染問題は農業・農学にとって、避けて通ることのできない課題である。もちろん、農業の工業化による農業自体の環境破壊も問題になってはいるが、さらに最近では農業・農村の社会的・文化的役割にも注目が集まっている。

近代日本における農用地などの有害金属汚染は足尾銅山による鉱害を嚆矢とすると言われているが、日本における非鉄鉱山開発の有害金属汚染の歴史は、後の汚染地各論で述べるように非常に古い。鉱害の歴史は1000年以上にも達するものと考えられる。この辺の様子は畑明郎著『金属産業の技術と公害』の411ページ（アグネ技術センター　1997年）に述べられている。

日本の近代化は、明治維新とともに始まり、主要な金属鉱山、炭鉱、製鉄所はほとんど国有化されたが、経営に行き詰まり、製鉄所を除きその後、すべて民間経営となった。古河は足尾銅山を、藤田組は小坂鉱山を、久原は日立鉱山を、三菱は佐渡と生野鉱山を、三井は神岡鉱山と三池炭鉱を、住友は別子銅山を入手して、6大鉱業資本は一途に財閥形成の道を辿った。とりわけ、「銅は国家なり」と豪語し、主要な輸出産業であった銅鉱業は、足尾・別子・小坂・日立の4大銅山を中心に繁栄した。4大銅山の繁栄は、一方で4大銅山鉱毒・煙害事件をもたらした。上記の本の冒頭で、畑はこのように述べている。

「このように鉱山は古くから問題にされてきたが、1960年代の高度経済成長政策の中で一

持続可能な農業への道　大日本農会叢書3

大日本農会　2001年　1575円　(256ページ　A6判)

　気に各種公害が表面化し、カドミウムなどの有害金属公害も社会の注目を引き、1970年のいわゆる公害国会で、土壌汚染も公害基本法に組み込まれた。その後、有害金属による土壌‐植物系の汚染と対策についての調査研究は大学農学部、農業研究所、農業試験場などで行われ、多くの成果を上げた。しかし、汚染水田土壌の修復方法が一応確立し、修復工事が始まると、「重金属公害は終わった」との政府・財界の掛け声がマスコミに登場し、それと共に研究費も打ち切られ、日本土壌肥料学会における有害金属汚染に関する研究発表は激減した。水田土壌以外の畑土壌、森林土壌、都市土壌はほとんど手つかずであるにもかかわらず、である。

　しかし、本文中でも述べるように、最近FAO/WHOを中心にしてカドミウム、鉛など有害金属の食品中における耐容濃度のガイドライン値を策定しようとの動きが活発になり、有害金属汚染問題は再び日の目を見ようとしている。また、ダイオキシンなど人口有害有機物の汚染が大きな問題になっている。」

　持続性 (Sustainability) という言葉の定義と、その言葉に含まれている問題点を総括的に指

103

摘したのは、環境と開発に関する世界委員会報告「地球の未来を守るために」である。そこでは、持続的開発の概念を提示し、人間活動のあらゆる面において、世界の人びとが協力の輪を広げてそれを真剣に追求することを求めている。

わが国でも、農業の持続的発展を図っていくことが今後の農政の重要課題のひとつに位置づけられている。そのための法整備や新たな農業生産方式等の開発と普及、さらには、これらが定着するための諸施策が講じられている。この問題は、緊急に取り組まれるべき課題である。しかし、新技術を現場で普及させ、これを定着させるためには、まだまだ解決すべき課題がたくさん残されている。この問題は、官民あげて長期的視点から着実に取り組む必要がある。

大日本農会では、環境と調和した持続的な農業の確立を目指して環境保全型農業研究会を設置して、この問題を検討している。その検討結果の一部がこの書で紹介される。

内容は、環境保全型農業とはなにか、また環境保全型農業研究会とはなにか、その経緯と現状、技術研究の現状と課題、施肥、病害虫防除、畜産、施設園芸、作付様式、機械開発、農村整備、経済からみた問題の構図、というように分かれている。

化学物質と生態毒性

若林明子著　産業環境管理協会

丸善　2000年（486ページ　A5判）　ISBN:9784914953485（491495348X）

改訂版　2003年　8400円（457ページ　A5判）　ISBN:9784621072240（4621072242）

化学物質への対策は、ヒトへの健康影響だけを考えるのでは片手落ちである。生態系への影響を含め総合的かつ体系的な対策が必要である。食物連鎖に見られるように、ヒトは生態系の一部であるにすぎない。わが国における化学物質の環境基準の制定などには、ヒトへの健康影響は配慮されるが、生態系を守り育てるという視点に欠けている。

本書は、有機スズ、ダイオキシン、界面活性剤など環境汚染化学物質による生態系への影響評価および毒性評価を生態毒性学の視点から集約したものである。本書の大部分は、『環境管理』誌にシリーズで連載された報文を基に書かれている。この種の本は、普通、多くの著者による分担執筆の形がとられる。しかし本書は、ひとりですべての項目を執筆しており、内容に一貫性がある。

生態系への毒性試験の詳細な解説、定量的構造活性相関（QSAR）、化学物質の環境動態で重要な役割を演じている生分解性や内分泌攪乱性の事項まで取りあげている点も特徴のひとつである。付録として、OECDと環境庁のガイドラインが記載されている。また、付表として、各国の水質基準、主要化学物質一覧、主要魚名が記載されており、大変便利である。

Soils and Environmental Quality

Eds., G.M. Pierzynski, J.T. Sims and G.F. Vance

CRC Press 2000 ISBN: 9780849300226 (0849300223)

この本は、次の考えのもとに書かれている。土壌は、人間をはじめ植物、野性生物およびほかのあらゆる生命体に影響を与える多くの汚染物質の発生源および吸収源であるとともに、相互作用がおこなわれている環境である。

この本では、最初に土壌科学、水門学、大気化学、汚染物質の分類、土壌と水分析の基礎が解説される。つづいて、チッソ、リン、イオウ、微量元素、有機化学物質、全球の気候変動、酸性降下物および汚染土壌・地下水・表層水の修復について詳しく論じられる。

さらに、環境にかかわる主な元素やそれらの化合物の地球生物化学的循環における土壌の役割が論じられる。また、土壌、水、大気間における汚染物質の相互作用の重要性が強調される。

1　環境
2　大気圏と水圏
3　土壌生態系
4　土壌のチッソと環境
5　土壌のリンと環境

6　土壌のイオウと環境
7　微量元素
8　環境中の有機化学物質
9　生物地球化学、土壌の質および土壌管理
10　大気圏　気候変動と酸性降下物
11　土壌と地下水の修復
12　リスク評価

世界の環境危機地帯を往く

マーク・ハーツガード著　忠平美幸訳

草思社　2001年　2940円（342ページ B6判）　ISBN: 9784794210340 (4794210345)

　原題は、『Earth Odyssey』（地球の長い冒険の旅）である。人は、この21世紀に現代の環境問題を乗り越えられるのか。この疑問から著者は、6年をかけて19カ国へ冒険の旅に出た。そこで出会った圧倒的な現実に、著者も読者もため息をつく。
　往復の通勤が5時間もかかるという、バンコクの恐るべき交通渋滞。工場からの排ガスで街が

全予測 環境＆ビジネス

三菱総合研究所著

ダイヤモンド社　2001年　1890円　(273ページ　A5判)　ISBN: 9784478231159 (447823115X)

かすむ中国。霧とスモッグが最悪の日には、「顔の正面で腕を伸ばしても、自分の指が見えない」重慶。放射線の平均被爆量が、チェルノブイリの被爆の4倍もあったマヤーク災害。1950年代に起こった核爆発事故で汚染された水を、今でも飲んでいるロシアの町の人びと。

これらの環境問題の多くが突発的事件と違い、あまりにも日常的であるから、非政府組織（NGO）にもメディアにも忘れられた人びとの姿がそこに描かれている。だがそこに住む人びとの多くは、排ガスは経済成長のあかしであると思い込み、砂漠化しようがしまいが生活のために木を切り、道路が渋滞しようともステータスのために車を買うのである。先進国も途上国も「環境政策は経済成長を抑える」との神話を信じてなにも手を打たない現実に、出口がない絶望感を抱く。

だが、著者はこの〝神話〟をきっぱりと否定する。「環境保護こそ経済を振興させ、多くの雇用を生むのだ」と。NGOに語られがちな環境終末論に収束することなく、どんなに厳しい状況下でも立ち上がれる人間の力を著者はここで示している。

環境問題は、時代とともに焦点が移り変わる。1960年代は「公害」から始まった。工場から排出される有害物質が人びとの健康を害した。カドミウムによるイタイイタイ病や有機水銀による水俣病が代表的な例である。1970年代になると、環境問題は面的汚染へと広がる。窒素やリンによる流域の富栄養化現象がその例である。1980年代末なると、環境問題は空間へと拡大する。全球的規模での温暖化、酸性雨、オゾン層の破壊などがこれに当たる。

1990年代後半になると、点・面・空間を経た環境問題は、「環境ホルモン」という言葉で代表される微量有害化学物質に焦点が注がれはじめた。急性毒性よりも内分泌系や生殖系への影響を通じて、次世代に影響を与える問題が指摘された。環境問題は時空を超えてしまった。

本書では、まず現在の環境問題を、「21世紀の環境問題」という章でまとめている。内容は、地球温暖化・環境ホルモン・ごみ・食糧危機・枯渇する水資源・生物多様性の危機・原発・エイズ・深海・情報化の影・遺伝子組換え技術・環境科学技術への期待として整理されている。

これらの問題を、「環境破壊型成長から環境共存型成長への転換」「拡大する環境ビジネス」および「先端環境技術で環境立国を実現」という章の括りで展開していく。この本は、三菱総合研究所の60人のスタッフによって書かれたものである。本書のリーダーである高橋弘氏は、地球環境研究センター長であるとともに農業環境技術研究所の監事でもある。

109

Environmental Restoration of Metals-Contaminated Soils

Ed. I.K. Iskandar

Lewis Publishers 2001 ISBN: 9781566704571 (156670457X)

最近の数十年間に、生物学、生態学、健康および環境地球科学などのいくつかの分野で、土壌の重金属の研究に関して目を見張るような進歩があった。1960年代以前は、特定の重金属や微量元素の土壌から植物への吸収や可給性についての研究に焦点が向けられていた。さらに最近では、水系や陸域を含むすべての生態系に影響する環境中での重金属汚染に視点が向けられている。

最近、多くの場所で重金属の濃度が高まったので、危険で利用できない土地として認知されている。ある場所では、健康へ影響する可能性がある重金属による地下水の汚染も発見されている。表層土壌の重金属の量が多ければ、地下水への重金属の移動の量も多いが、土壌の環境特性や土壌の物理・化学・生化学的プロセスも土壌の重金属の挙動の重要な要因となる。生物処理や焼却のような技術によって分解できる有機物と違って、重金属は分解できない。重金属は一度汚染すると、取り除くか固定するかしなければ、いつまでも環境に対する脅威として残留することになる。

この本は、このような重金属の最近の問題点をまとめたものである。1997年にバークレーで開催された「第4回微量元素の生物地球化学国際会議」の成果の一部をもとに、土壌修復のための物理・化学的手法とそのプロセスについで構成されている。最初の8課題は、本書は14の課題

大気環境変化と植物の反応

野内 勇 編著

養賢堂 2001年 5250円（391ページ A5判） ISBN: 9784842500799 (4842500794)

わが国の大気環境問題は、1950〜1970年代に最も激しかった局地的・地域的な産業公害としての大気汚染から、1980年代末に顕在化したオゾン層破壊や地球温暖化のような地球規模の問題に拡大してきている。イオウ酸化物汚染は、発生源の排出規制により過去のものとなった。しかし、光化学オキシダント汚染は、頻度は減少したもののまだ散発的に発生しており、社会的関心が薄れてはいるが、まだ警戒が必要である。一方、地球規模の大気環境変化は、局地的・地域的な大気汚染に比べ、その影響を受ける範囲が桁違いに大きい。本書は、古典的な大気汚染と地球規模の大気環境変化が植物の生理生態に及ぼす影響と作物生産への影響を解説している。

内容を紹介する。わが国における大気汚染による植物被害の歴史的変遷を振り返るというプロローグから始まる。2章では、大気汚染の現状と最近の大気質の変化から地球環境に至る大気環

て書かれている。後の6課題は、修復のための生物学的手法とそのプロセスに焦点をあてている。

境問題が概説される。3章から7章では、指標植物を用いた大気環境モニタリング調査から、今なお、大気汚染（とくに、光化学オキシダント）が過去のものではないことが解説される。大気汚染物質として主要な二酸化イオウ、光化学オキシダント（オゾンとPAN）、窒素酸化物、酸性雨などのような仕組みで植物に障害を与えるのか、また、植物はそれらの大気汚染物質に対し、どのように自らを防御しているのかを生理生化学的な面から解説している。なかでも、光化学オキシダントにページの多くが割かれている。

さらに、環境科学者や生態学者ばかりでなく、社会的にも関心が強い森林衰退の現状と原因が8章で解説される。そこでは、酸性雨の影響を否定することはできないとしながら、むしろ光化学オキシダント（オゾン）の影響が強いことも示唆されている。

10章では、大気大循環モデルから予想される温暖化シナリオから、将来予想される大気環境変化による植物への影響予測、オゾン層破壊に伴う紫外線増加が引き起こす農作物の生育・収量影響や陸上生態系への影響など、地球環境変化がもたらす植物への影響についてまとめている。

さらに、温暖化をもたらす温室効果ガスであるCO_2およびメタンと植物との係わりが11章で取り上げられる。ここでは、大気・植生・土壌の間をめぐるCO_2の交換過程を解説するとともに、その過程を記述する数学モデルを詳しく紹介している。12章では、水田や湿地から発生するメタンは、大部分が水生植物の体内を通して大気へ放出されるが、この水生植物によって生成されるメタンは、湿地や水田などの嫌気的な状態の土壌からメタン生成菌によって生成されるメタンが解説される。

最後の13章では、植物のもつ大気浄化機能が解説される。植物がCO_2を吸収し光合成を行う際に、

大気汚染物質を同時に取り込むことになるが、この植物による大気の浄化能を植物生産力から評価する方法が解説される。

編著者の野内 勇は、農業環境技術研究所の地球環境部気象研究グループ長で、執筆を分担しているSerge清野は企画調整部長、横沢正幸は地球環境部食料生産予測チーム主任研究官である。

農業における環境教育 平成12年度環境保全型農業推進指導事業

全国農業協同組合連合会・全国農業協同組合中央会編

家の光協会 2001年 2625円（196ページ A5判） ISBN: 9784259517786 (4259517783)

昨年の2000年に、循環型社会形成推進基本法が成立し、あわせて循環に関係する法律の制定や改正があった。農業の場面でも、新たな農業基本法のもとで環境保全型農業をさらに推進するため、環境関連三法が制定された。本格的に環境の時代が到来した感がある。

これまで、全国農業協同組合連合会と全国農業協同組合中央会は、平成4年から農水省の補助を受けて、環境保全型農業の先進事例調査を実施してきており、そのたびに、報告書を公表して

きた。「最新事例・環境保全型農業」、「環境保全型農業の流通と販売」、「環境保全型農業と地域活性化」、「実践事例に学ぶ これからの環境保全型農業」、「環境保全型農業とJA」、「環境保全と農・林・漁・消の提携」、「環境保全型農業と自治体」がそれである。

環境問題の解決は、結局のところ教育の問題であると言われて久しい。この問題を積極的に取り上げたのがこの本である。「農業における環境教育」では、厳しい経営条件の中で、生産のみならず、消費流通、物質循環、自然保護などを考慮して、次世代の学童を含めた担い手づくりに意識的に取り組んでいる実態が浮き彫りにされている。事例を眺めていると、環境保全型農業への進展が着実に進みつつあることが解る。

生ごみ・堆肥・リサイクル

岩田進午・松崎敏英著

家の光協会 2001年 1890円（225ページ A5判 ISBN:9784259539832（4259539833）

著者の岩田進午氏は、現在、日本農業研究所の研究員である（残念なことに、2006年に他界された）。かつて農業技術研究所、農業工学研究所の研究員として、また茨城大学農学部の教授

としておもに土壌学の分野で活躍された方である。松崎敏英氏は、かつて神奈川県農業総合研究所で「家畜糞尿の利用と処理」に関する研究を長期にわたり行われてきたこの分野の先駆者であり、ベテラン中のベテランである。また、全国畜産有機資源リサイクル協会の専務理事でもあった。

第1章では、生ごみの堆肥化をすすめると同時に、自分たちの住む町を日本一の町にするために奮闘している山形県長井市の話を紹介している。第2、3章では、わが国の農耕地をめぐる物質循環の特質を歴史的にたどるとともに、現在進行しつつある土の退化の現状と、それがもたらす私たちの生活への影響について解説している。

第4章では、農耕地にとって堆肥のもつ重要性とその作り方のポイントを、偉大な先人たちの経験と知恵をたどりながら説いている。自然科学的側面に焦点を当てた堆肥の科学論と技術論を解説している。第5章では、廃棄物問題としての生ごみという観点から、現在行われている「焼却・埋め立て」方式の処理の不合理性が語られる。

第6章では、生ごみ堆肥化運動のあり方・意義を中心に、この運動と「持続可能な社会」「持続可能な農業」の関わりを説いている。

レスター・ブラウンの環境革命 ―― 21世紀の環境政策をめざして

レスター・ブラウン編著　松野　弘監修　ワールドウォッチジャパン訳

朔北社　2000年　1680円（250ページ　B6判）　ISBN: 9784931284579 (4931284574)

「環境」を健全に維持・持続するということは、百年単位の計画を構想し、それを実施する革命といえる。なぜなら、10ppmを超えつつある地下水の硝酸性窒素を1ppmに低下させることや、現在の二酸化炭素380ppmを、産業革命前の280ppmにもどすには百年以上の歳月がかかる。したがって、未来は楽観視できない。

しかし、環境危機対策に決定的な変化をもたらすきっかけを、人類はつかみ始めた気配が感じられる。例えば、カーソンの『沈黙の春』が、今日の環境運動のきっかけを与えて40年が経った。IPCC（気候変動に関する政府間パネル）の第1回の報告書（Climate Change）の原案を、わたし達がハーバード大学で練ってからすでに12年が経過した。最近、巨大企業グループが環境マネジメントや品質マネジメントに関する国際規格であるISO14001や9000を競って取り始めた。さらには、政府が企業が学者が、そしてこれらに直接は関係しない多くの市民がこぞって「環境」の問題に取り組み始めている。

これらの気配をもとに書かれたのが、『環境革命　21世紀の環境政策をめざして』である。「21世紀への環境政策パラダイム」、「環境」、「環境と生命」および「環境と生態系の破壊」と題して、エイズ、

農から環境を考える——21世紀の地球のために 集英社新書

原 剛著

集英社 2000年 693円（196ページ 新書） ISBN: 9784087200928 (4087200922)

水、人口、侵入生物（インベーダー）、生態系破壊、遺伝子組み換え作物、自然災害、風力エネルギーなどが語られる。

農業と環境の関わりは、次の3点にまとめられる。はじめは、農業活動そのものが環境に及ぼす影響である。水田でイネを作ると、水田からメタンガスが発生し、このガスが温暖化に影響を及ぼすのがそのよい例である。次は、環境の変動が農業に及ぼす影響である。温暖化すれば世界の作物生産の様態が大きく変わるのがそのよい例である。最後は、農業を営むことによって環境を改良したり、保全したりすることである。農業による多面機能の活用といわれていることがその例である。水田でイネを作ることによって、土壌浸食を防止したり、生物多様性を維持したり、水を涵養したりすることができる。

著者は、このような農業と環境の関係を考えながら、環境問題を農林漁業の生産現場に引きつ

内分泌かく乱物質問題36のQ&A

日本化学工業協会エンドクリンワーキンググループ編
中央公論事業出版 2001年 1260円 (143ページ B6判) ISBN: 9784895141666 (4895141667)

シーア・コルボーンらの著書『*Our Stolen Future*』(奪われし未来) は、化学物質が人や野生生物に世代を越えた影響を与えることを示唆した。現在、「内分泌かく乱物質」に関して、作用メカニズム、作用の検出方法、生物に対する影響の有無など多方面からの研究が実施されている。しかし、「内分泌 (ホルモン) 作用」から「有害性発現」に至る過程は極めて複雑であり、科学的には未解明な部分が多い。

本書は、化学産業界が「内分泌かく乱物質問題」の解決を図るため、情報として収集した研究成果、調査結果などについて、その内容を社会に正確に提供することを目的としてまとめられた。内分泌かく乱物質問題を7テーマに分類し、Q&A形式で記述している。

けてとらえ、『農から環境を考える』を書いている。とくに最後の章では、日本の農業の現実と課題が具体的な数値でわかりやすく解説されている。

昆虫と気象 気象ブックス

桐谷圭治著

成山堂書店　2001年（187ページ　B6判）　ISBN: 9784425551019 (442555101X)
改訂版　2002年　1680円（177ページ　B6判）　ISBN: 9784425551026 (4425551028)

著者は、冒頭で『昆虫と気象』という表題は近代昆虫学でも最も古くて、かつ新しい問題であると指摘している。害虫の大発生と気象は、まさに古くからの大問題で、地球温暖化は新しい問題なのである。著者は、40年以上も害虫個体群の動態を野外で追い続け、国内ばかりか国際的にも応用昆虫学会において指導的な役割を果たしてきた元農業環境技術研究所の昆虫管理科長である。この長年にわたる実践によって蓄積された豊富な知識と体験をふまえて、今世紀いよいよ深刻に成りつつある地球温暖化が昆虫にどのように作用し、さらにそのことが人間の生活にどのように影響するのかという、グローバルで緊急な課題に真正面から取り組んだ本である。下手な紹介をするよりも、「著者のことば」を記述する。

ウバロフが、『昆虫と気候』という古典的名著を1931年に出版してから70年になる。この本の表題もこれにあやかって『昆虫と気象』としたが、羊頭狗肉とならないことを願っている。

有機物の有効利用 Q&A

上村幸廣著

鹿児島県農業試験場　2001年　562円（239ページ　21cm×15cm）

本書の執筆にあたって胸に秘めていたことは「基礎的なことがもっとも応用的である」ということであった。あえてそれを書かなかったのは、推薦の言葉をいただいた小野さんのいう「バリバリの現役」ではないからである。それを分析する手段に、昆虫が発育を開始するウバロフ時代にはまだなかった問題をも取り上げた。本書では地球温暖化の昆虫への影響、すなわち発育ゼロ点を利用した。温度と発育の関係はウバロフの時代には昆虫を含む変温動物にとってもっとも基礎的な生理現象であり、両者の関係は昆虫を含む変温動物にとってもっとも基礎的な生理現象であり、両者の関係は積算温度法則としてすでに確立していた。日本の昆虫についても500種、1200例の報告があり、このために費やされた研究費は10〜20億円にものぼるであろう。そこで、本格的な出番がないままに研究の副産物として眠っていた発育ゼロ点に光を当てることにした。もちろんその資料の収集だけでも多くの人の協力なしにはできなかった。基礎的なことが決して無駄ではないことを改めて実感した次第である。

「環境」を健全に維持・持続するということは、百年単位の計画を構想し、それを実施する革命

といえる。なぜなら、10ppmを超えつつある地下水の硝酸性窒素を1ppmに低下させることや、現在の二酸化炭素380ppmを、産業革命前の280ppmにもどすには百年以上の歳月がかかる。したがって、未来は楽観視できない。人類は、環境問題への対策に決定的な変化をもたらすきっかけをつかみ始めた気配が感じられる。例えば、カーソンの『沈黙の春』が、今日の環境運動のきっかけを与えて40年が経った。IPCC（気候変動に関する政府間パネル）の第1回の報告書（Climate Change）の原案が、ハーバード大学で練られてからすでに12年が経過した。歳月が必要なのである。他方、巨大企業グループがISO14001や9000を競って取り始めた。さらに、政府が企業が学者が、そしてこれらに直接は関係しない多くの市民がこぞって「環境」の問題に取り組み始めた。これらの現象が、その気配である。

わが国における環境保全型農業の推進政策は、1992年の「新しい食料・農業・農村政策の方向」に始まり、1999年に成立した「食料・農業・農村基本法」の中に定立された。その後、これらを受けて農業環境三法（持続農業法・肥料取締法・家畜排泄物法）など関連の法律が制定された。このような背景の中で、「全国環境保全型農業推進会議（会長　熊澤喜久雄東大名誉教授）」が設立された。ここでは、平成7年から毎年「環境保全型農業推進コンクール」の表彰者が決定され、環境保全型農業の優秀な実践者が紹介されている。

このように、環境を保全しながら農業の持続的発展を図っていくことが今後のわが国の農政の重要課題のひとつに位置づけられている。そのための法整備や新たな農業生産方式等の開発と普及、さらには、これらが定着するための諸施策が講じられている。環境保全型農業を達成するための新技術は、緊急に取り組まなければならない。しかし新技術を現場で普及させ、これを定着

OECDリポート 農業の多面的機能

OECD著 空閑信憲・作山 巧・菖蒲 淳・久染 徹訳

農山漁村文化協会 2001年 4600円（196ページ A5判）ISBN: 9784540010781 (4540010786)

させるためには、まだまだ解決すべき課題がたくさん残されている。この問題は、官民あげて長期的視点から着実に取り組む必要がある。

このような気配は、県の試験場の教育・普及の場にも定着し始めた。本書は、鹿児島県農業試験場の主として農業環境担当者（上村幸廣氏）が書いたものである。表題は「有機物の有効利用」であるが、内容は、質問と回答の形式で書かれた農業環境保全のガイドブックである。冒頭で、環境問題の解決のための変化が感じられると書いた。本書は、環境保全型農業のゆくえについてまさにその気配を感じさせてくれる1冊である。

わが国は、農業の公共財的性格を表現する多面的機能の発揮を農政の基本的理念としている。他方、アメリカやケアンズ・グループの諸国は、多面的機能の強調は新たな保護主義の口実をつくるものと主張する。また、EUのように農業の多面的機能という概念を肯定的に受け取っている諸国のなかでも、その主張は一様でなく、その概念規定の不明確さも反対論の根拠とされている。

環境保全と新しい施肥技術

安田 環・越野正義著

養賢堂 2001年 5460円 (353ページ A5判) ISBN:9784848425008670 (4842500867)

このような状況の中で、1998年3月のOECD農業大臣会合は、農業食料分野での共通の目標に合意し、農業活動はその多面的機能を通じて農村経済における重要な役割を果たしていることを確認した。これを受けて、OECDは1999年から多面的機能に関する研究を行い、その機能の経済的な特徴を明らかにするとともに、どうすればその機能を発揮することができるかについて分析することになった。この書は、2000年12月に合意された第一段階の作業の結果である。

多くの識者が指摘しているように、日本の農業が抱えている問題は数多くある。食糧自給率はカロリー計算で40％までに低下し、農耕地は1人当たり400㎡になった。さらに、この農耕地が毎年5万haずつ減少している。先は明るくない。食事の欧米化が進み、ファーストフードが普及し、脂肪の取りすぎなど栄養のアンバランスが指摘されるようになってきた。海外に依存した畜産は、規模拡大と相まって局所的に大量の排泄物を生じ、水域などの富栄養化の原因となっている。

環境考古学のすすめ 丸善ライブラリー349

安田喜憲著

丸善 2001年 882円 (202ページ 新書) ISBN: 9784621053492 (4621053493)

農家の総所得のうち、農業所得はわずか14％で、農外所得は60％も占めている。このことが農家の農業離れを助長し、ひいては農業従事者の高齢化を招いている。一方、農業のもつ公益的機能を高く評価するかけ声は大きい。しかし、それを維持・向上させる担い手がいないという実態がある。
一方、農業は地球温暖化というこれまで経験したことのない事態に遭遇している。ましてや、農業活動が地球温暖化の原因のひとつでもある。これは、日本ばかりでなく地球全体の食料生産の問題である。化石燃料依存の社会体質が続くかぎり、温暖化は進む。その対策には、食料生産を含むすべての経済活動のスタイルの見直しが必要であろう。
このように、日本農業が抱えている問題は環境面以外にも多岐にわたる。本書は、これらの問題について研究当事者の反省も含めて解りやすく解説してある。

梅棹忠夫の『文明の生態史観序説』では、東洋の自然観・世界観に立脚しながらユーラシア大陸の風土・歴史がグローバルな観点から論じられている。著者はこの生態史観に基づいて、文明

水俣病の科学

西村 肇・岡本達明著

増補版
日本評論社 2001年（349ページ A5判） ISBN: 9784535583030 (453558303X)
2006年 3465円（381ページ A5判） ISBN: 9784535584556 (4535584559)

や歴史をその舞台となる自然環境との関係を重視しながら研究する分野として、「環境考古学」を提唱している。著者はこの「環境考古学」が、地球環境と人類が危機に面している今このとき、きわめて重要な学問であることを強調する。

第3章の「森と文明の環境考古学」と第4章の「稲作文明の環境考古学」では、農林業と環境と文明の関係が詳しく紹介されている。文明は森の神殺しから出発し、森の消滅は文明の崩壊を導く。森の農業、森の稲作農業は森の宗教を守りつづけることを強調する。そして、日本の林業と稲作農業を守ることの必要性が語られる。

本書は、次の文章から始まる。「歳月はいつも重い意味を持ちます。水俣病事件の場合、最初の二年半、それから三年、さらに九年、そこからはるかな歳月を経ること三十二年、合わせて約半

「世紀の歳月が水俣病の因果関係解明の里程標を示しています」

20世紀に起きた世界でも最大・最悪の公害といわれた水俣病。発見までの2年半、それから原因物質の発見まで3年、政府の公害認定までさらに9年、そこからはるかな歳月を経ること32年とは、1968年の政府の公害認定から現在までの時間である。

1950年代から熊本の水俣湾周辺で、手や足のまひや言語障害など深刻な健康被害が住民に出た。水俣市の新日本窒素（現チッソ）水俣工場から水俣湾に排出された「メチル水銀」がその原因であった。どうして悲劇は起きたのか。膨大なデータと気の遠くなるような歳月を費やして、克明に事実を解明し、この公害をまとめたのが本書である。著者は結語で述べる。「私たちもまた加害者ではなかったのか？ そしてあなたも」と。

本書は、序章・第1〜3章、結語、あとがき、「補論」、索引からなる。序章の最後の文章を引用する。「私たちは『常識』から出発しながら事実を集め、発見を繰り返しながら一歩一歩『科学』に近づいていきました。遅々たる歩みではありましたが、歳月は力です。ばらばらに見えた発見が急に一つにまとまって全体が浮かび上がるときが来ました。そして私たちはついに、メチル水銀の生成機構を解明するとともに、二つの謎を解き、チッソ水俣工場からのメチル水銀排出量を捜査以来の過去にさかのぼって正確に推定することに成功しました。その結果、これまで理解できなかった一つ一つの事実が、鉄のような必然性をもって展開していった

郵 便 は が き

料金受取人払

葉山局承認

32

差出有効期間
平成20年6月
30日まで
(切手不要)

2 4 0 0112

神奈川県三浦郡葉山町
堀内870-10
清水弘文堂書房葉山編集室
「アサヒ・エコ・ブックス」
編集担当者行

|||l||l|l|l|l•l•l||l||l|l|l|l|l|l|l|l|l|l|l|l|l|l|l|l|l|l|l|

Eメール・アドレス(弊社の今後の出版情報をメールでご希望の方はご記入ください)

ご住所

郵便NO □□□-□□□□　　お電話　(　　)

(フリガナ)	男	明・大・昭	年齢
芳名	・女	年生まれ	歳

■ご職業　1.小学生　2.中学生　3.高校生　4.大学生　5.専門学生　6.会社員　7.役員
8.公務員　9.自営　10.医師　11.教師　12.自由業　13.主婦　14.無職　15.その他(　　)

ご愛読雑誌名	お買い上げ書店名

地球の悲鳴　　　　　陽　捷行

●本書の内容・造本・定価などについて、ご感想をお書きください。

●なにによって、本書をお知りになりましたか。
　A 新聞・雑誌の広告で(紙・誌名　　　　　　　　　　　　　　　)
　B 新聞・雑誌の書評で(紙・誌名　　　　　　　　　　　　　　　)
　C 人にすすめられて　D 店頭で　E 弊社からのDMで　F その他

●今後「ASAHI　ECO　BOOKS」でどのような企画をお望みですか?

●清水弘文堂書房の本の注文を承ります。(このハガキでご注文の場合に限り送料弊社負担。内容・価格などについては本書の巻末広告とインターネットの清水弘文堂書房のホームページをご覧ください。　URL http://shimizukobundo.com/)

書名	冊数
書名	冊数

惨劇の一コマ一コマであることがはっきりと見えるようになったのです。」
　第1章は、水俣工場の当時の様子を関係者からの聞き取りを含めながら、水俣チッソのアセトアルデヒド工場の全容が、工場の内部に立ち入り語られる。アセトアルデヒドは、オクタノールをはじめとするブタノール、酢酸など塩ビ以外の重要な有機製品の原料である。合成繊維をはじめとする化学製品の原料として欠かせない。石灰岩と石炭から生成されたカーバイドからアセチレンからアセトアルデヒドが作られるが、その触媒として水銀が使われる。これらのことが、工場の図解、戦後の技術革新、追求の道を閉ざしたチッソ、廃水処理の実体と変遷などの項目のもとに解説される。
　第2章は、「水俣病の発生」から「海域へのメチル水銀排出量」を追跡する。水俣病の発生を食習慣から追跡し、その原因が「魚介類のメチル水銀濃度」であることを検証する。つづいて、海域の生態系汚染機構の解明を通して「海水中のメチル水銀濃度」を推定する。最後に、排水拡散理論から「海域へのメチル水銀排出量」を推定する。この因果関係を明らかにする手法と努力は圧巻である。
　第2章の最後で著者は語る。「私たちは、長い時間かけて集めた膨大な諸々のデータの持っている意味をできるだけ読み解き、水俣湾の生態系、海水中のメチル水銀の挙動、魚介類の汚染実態、底泥の無機水銀のメチル化機構、水俣湾の底生魚と不知火海の魚の汚染機構などの基本問題を検討し、その成果を総合することにより、環境・生態系汚染の全体像と残された問題を明らかにした」

第3章は、「メチル水銀生成機構」から「海域へのメチル水銀排出量」を追う。第2章は、当時のデータをもとに半定量的に「海域へのメチル水銀排出量」を推定した。この章では、第2章の確信を基礎に、定量的手法を駆使してメチル水銀排出量を求め、それがいつどんな原因でどのように変わったか精密に明らかにしている。「メチル水銀排出量」を明らかにし、「メチル水銀生成量」を推定する。「反応器内メチル水銀生成量」を明らかにし、廃水処理原理の活用により「海域へのメチル水銀排出量」を明らかにする。

生成機構の解明もまた圧巻である。著者は語る。「新しい化学である有機金属化学に基づいてメチル水銀の生成機構を初めて本格的に論じたのが本章であり、その結果をまとめたのが図3—3です。古い化学と新しい化学の違いは、アセトアルデヒドの生成の過程、特にその中間体の構造にはっきりあらわれています。この違いを生んだ最大の原因は、原子と原子の結合に対する考え方の差です。古い化学では、金属は他の元素と同じようにたんに結合する手がある原子としてかとらえていませんが、新しい化学ではある種の金属（遷移金属）は二重あるいは三重結合そのものに結合してその一本を切る働きがあると考えます。……それは科学者、特に化学者の心理に原因があります。多くの化学者は、実験報告で確認されていること以外は考える対象にしません……」。

最後に、海域へのメチル水銀排出量の経年変化と水俣病被害の進行状態との関係が明らかにされる。すなわち、「アセトアルデヒド生産量と周辺海域へのメチル水銀排出量推定」、「メチル水

銀排出量と水俣周辺住民のへその緒の水銀濃度」、「メチル水銀排出量と胎児性水俣病患者発生数」および「メチル水銀排出量と非典型水俣病患者発生数」がそれである。

結語では、科学と技術の方法論に関する多くの提言がある。「新しい科学の見方」、「リスク基準」、「安全性の考え方」、「日本の科学のあり方」「科学のもつ一方向性と双方向性」、「世の中に役に立つこと」、「内分泌攪乱物質」、「日本の環境科学の成果の外国への発信」など。なお、著者はこれを英訳して世界に発信しようとしている。この努力に敬意を表したい。

本書は3つの特徴をもつ。ひとつは、自然科学と人文科学の研究者が共同して成した希有な作品であること。環境科学の解明とは、まさにこの例が示すもの以外のなにものでもない。ふたつめは、感動なくしては読めない書である。かつて、世に感動を与えた環境にかかわる本に、レイチェル・カーソンの『沈黙の春』、シャロン・ローンの『オゾン・クライシス』、シーア・コルボーンらの『奪われし未来』などがある。本書は、これらに勝るとも劣らない傑作である。最後は、研究者への魂を込めた研究の方法論が語られていることである。若い研究者のみならず、熟成した研究者にとっても必読の書である。

129

共生の思想——自他の衝突と協調　丸善ライブラリー313

藤原鎮男著

丸善　2000年　819円（180ページ　新書）　ISBN: 9784621053133 (4621053132)

序章の冒頭で、著者は語る。「我々が今生きているこの現実社会には解決困難な問題が山積みしている。本書は、それらの世の中の解決困難な問題はすべて自分と自分以外のもの、つまり他人、これを他、または他者と呼ぶこととすると、この自と他の対立、ないし衝突によって起こる問題であり、また自と他の区別が喪失したために起こる問題であると思い、その対応を考えようとするものである」

そのような例は、沖縄の基地移転、市町村のゴミ処理、あるいは民族や宗教などによって起こる国際紛争など、枚挙にいとまがない。では、その解決のためにはどうすればよいのか、それを解くカギが「共生の思想」であると強調する。

著者は、世の中は実はこの自と他の両者が共生して初めて立つものであることを、科学と文化の面から解析する。そして、自然は根本の法則として「自他の共成」が本体であることを強調する。

第1部では、科学にも文化にも、外部の環境によって動かされることのない「自」のあること

が実例でもって示される。科学の例では、深海水、原子核、生物の種が、文化では、民族が本来的に保有する特性などがそれに当たる。

第2部では、科学においても文化の存在においても自と他が併存し、両者の共存で全体ができていることが解説される。また、「自」の存在を認めることは、「他」の存在を認めることであり、「自」と「他」は併存するものであると論じる。実際に自然界では宇宙や地球を構成する元素の数を見るとそうだし、日本文化の実体ともいえる連歌がそうであるとし、これらの実例をもって「自」と「他」の共存を解説する。

第3部では、「自」と「他」、「個別」と「普遍」の両極で成り立つもののほかに、両者を結ぶ「媒体」があり、両極とこの媒体の三者が協力して働くことによって、自然界の運行が果たされることが解説される。これを、「自他の共生」と呼ぶ。

自然界では、この自他の共生が自然法則として成立する。しかし、人間の社会では自他の均衡ははなはだ難しい。自他の衝突がある。その解決の方法は、協調、協定、規約、規制、教育であると指摘する。近代科学はこの方向に沿って展開していることを、ガウスの誤差論、マックスウェル、ボルツマンの気体分子運動論を例にして解説する。

著者は、東京大学名誉教授で理学部化学科の卒業である。本書の中に、1847年に発刊された『宇田川榕菴』の『舎密開宗』の話がでる。150年前の化学の教科書に使われた言葉が、いまもどれだけ生きているかを知りたい方には、大変興味深い本でもある。

熱帯土壌学

久馬一剛編

名古屋大学出版会　2001年　6090円（439ページ　A5判）　ISBN: 9784815804138 (4815804133)

　環境科学が関係と関係の学問であると定義するならば、そのことを実践をもって証明したのが、この本ということができる。編者は「はしがき」で、そのことをいみじくも表現している。「太陽の光と熱に恵まれた熱帯が、潜在的に大きな生産力をもつことは疑いのないところである。しかし、20世紀後半に人類が経験した多くの事実は、その潜在生産力が一部には水資源の不足から、また、一部には土壌資源の制約と生物相互間の拮抗から、容易には実現されないものであること、そればかりでなく、熱帯の自然がかなり脆弱であって、人間の不用意な干渉の下では不可逆的に劣化する恐れの大きいことを教えてくれた」

　熱帯土壌の研究に携わってきた編者と京都大学を中心とした熱帯土壌の研究者たちが、上述した関係を、これまでに蓄積した知見からまとめたものが本書である。この本が生まれる発端は、わが国で初めてプロジェクト化された「熱帯水田土壌調査」の研究にある。それは今から43年前の1963年のことである。その意味で、本書はこれまでの調査・研究の集大成ともいえる。したがって、本書は「継承こそが学問の王道」であることをもわれわれに教えてくれている。

　「第1編　熱帯の土壌」では、熱帯土壌とは？、熱帯の自然環境と土壌生成因子、土壌の分類、

中山間地と多面的機能

田渕俊雄・塩見正衛編著

農林統計協会　2002年　2100円（183ページ　A5判）ISBN: 9784541028839 (4541028832)

1999年に公布された「食料・農業・農村基本法」は、農業の持続的発展を通じて、食料の安定供給の確保やその多面的機能の発揮を図るとともに、中山間地を含む農村の総合的振興を大きな目標にしている。とくに、中山間地域の振興については、「農業の生産条件が不利な地域（中山間地域等）」において、「農業その他の産業の振興による就業機会の増大、生活環境の整備による安住の促進」および「適切な生産活動が継続的に行われるよう農業の生産条件に関する不利を補

生産力評価（台地土壌、低地土壌）にかかわる諸問題」では、酸性硫酸塩土壌、有機質土壌、土壌生態（熱帯林、焼畑）、土壌の塩類化とアルカリ化、土壌劣化／砂漠化、熱帯土壌の持続的管理などがきわめて具体的に解説される。新しい時代には新しい課題がある。熱帯土壌の研究は、かつて食料生産の増強のために行われた。しかし、いまでは地球環境の保全という面からの研究も必要とされている。本書は、その両面に答えてくれている。

などが歴史的事実のもとに解説される。「第2編　熱帯の土壌

環境の時代を読む 宮崎公立大学公開講座 4

宮崎公立大学公開講座広報委員会編

宮崎公立大学 1999年

正するための支援を行うことにより、多面的機能の確保を特に図る」ことを規定している。

本書は、これらのことを具体的に中山間地において実現するためにはどうすればよいかを考える。水源や涵養源の評価、棚田の役割、山村の野生生物による被害と防除と共生、農村景観などを考察し、具体的な都市農村交流による中山間地活性化のあり方を説く。最後は、4人のベテラン教授（農業土木、環境、生態、経済）による「中山間地域のもつ機能をどう発揮させるか」と題した座談会が紹介される。

今や、雑誌、新聞、学術書、テレビジョンなどいたるところで「環境」という言葉が使われている。このように「環境」という言葉は、専門的であったり、限定的であったり、ごく常識的な意味であったりきわめて幅広く使われている。たとえば、「環境」とは、あるときには子供の家庭環境であるし、作物の生育環境であるし、人類の生存に関わる地球環境であったりする。われわれは、「環境」とい

エコ・エコノミー

レスター・ブラウン著　福岡克也監訳　北濃秋子訳

家の光協会　2002年　2625円（415ページ　A5判）　ISBN: 9784259546205 (4259546201)

本書を紹介する前に、レスター・ブラウン氏を、かつて、ワシントン・ポスト紙は氏を「世界で最も影響力のある思想家」と評したことがある。

本書は、人文学部の単科大学である宮崎公立大学の先生たちが、大学の特徴と強みを生かして「環境」というキーワードを様ざまな専門分野から論じ、現代における環境の意味を認識しようとした試みの書である。著者のひとりの内嶋善兵衛教授は、元農業環境技術研究所気象管理科長である。

具体的な内容は、地球環境に及ぼす人類の営みの功罪、自然環境と文明との関わり、環境と共生した古代人・環境を破壊する現代人、環境問題に対するジャーナリズムの責務、環境イデオロギーと政治、環境問題は国境を越える、ごみ問題の社会心理学的解決、情報社会におけるメディアと家族の環境などで、様ざまな専門分野から現代の環境問題をさぐる書である。

う言葉を使わないで、果たして「環境」について議論できるのであろうかと疑ったりするほどである。

また、ここでこの本を紹介している筆者は、かつて氏と講演を共にする機会があったが、そのときの氏の出で立ちが忘れられない。壇上での氏は、蝶ネクタイとズック姿であった。新しいタイプの思想家であり実践家であろう。

氏は、アメリカのラトガーズ大学農学部を卒業した後、米国農務省の海外農業局所属の国際農業アナリストになった。この間、メリーランド大学で農業経済理学修士、ハーバード大学で行政学修士を取得している。1964年、農務長官の対外農業政策顧問に、66年に農務省の国際農業開発局の局長に就任した。69年に公務から離れ海外開発会議を設立している。氏はこの間、発展途上国の人口増加に対応できる食糧増産計画の課題に深く関わった。

1974年に地球環境問題の分析を専門とする民間研究機関として、ワールドウオッチ研究所が設立された。氏の独自性が発揮されるようになるのは、この研究所で84年から発刊され始めた『地球白書』の執筆からであろう。地球の診断書とも言うべき『地球白書』は約30の国語に翻訳され、世界の環境保全運動のバイブル的な存在になっている。

氏の思想は、人口の安定と気候の安定のふたつに集約できる。過剰の人口増加は、食糧生産の増大を要求する。食糧の増産は、土地の劣化や水不足をもたらす。工業化の成功は、耕地面積の縮小と食糧輸入国への変遷を生じ、多量の化石燃料の消費に転じる。

このような考えを背景として書かれた『だれが中国を養うのか』は、中国から激しい反論を受けたが、中国の食糧政策の転換を促進した。氏の分析は自然科学のデータをもとにして、社会科学の手法を取り入れた説得力に満ちたものである。

氏は環境問題が世界の経済を変えると説く。地球の生態系により負担の少ない産業こそが、未

来の成長産業であり、このような経済へのシフトは、最大の投資機会であると主張する。そのよううな産業とは、再生可能なエネルギー業界、リサイクル業界、高エネルギー効率の交通産業などである。

このような背景の元に書かれた本書『エコ・エコノミー』の、「はじめに」に書かれた内容の一部を紹介する。

本書が執筆された背景に３つのことがある。第一に、人類は地球を救うための戦略レベルでの闘いに敗れつつあるということ。第二に、私たちは環境的に持続可能な経済（エコ・エコノミー）のあり方について明確なビジョンをもつ必要があるということ。そして第三に、新しいタイプの研究機関（エコ・エコノミーのビジョンを提示するだけでなく、その実現に向けての進展状況の評価をたびたび行う機関）を創設する必要があるということ。

ワールドウォッチ研究所を発足させたとき、私たちは森林減少、砂漠化、土壌浸食、放牧地の劣化、生物種の消失を憂慮していた。漁場の崩壊についても心配し始めていた。しかし、現在では懸念される問題のリストははるかに長くなっており、たとえば二酸化炭素濃度の上昇、地下水位の低下、気温上昇、河川の枯渇、オゾン層の破壊、ますます発生頻度と破壊力を増す暴風雨、氷河の融解、海面上昇、サンゴ礁の死滅などが加わってきている。

過去四半世紀ほどのあいだに、私たちは多くの戦術レベルでの闘いで勝利を得てきたが、地球の環境悪化に歯止めをかけるために「人類がとるべき行動」と「実際にとっている行動」とのあ

いだのギャップは開きつづけている。なんとかして、こうした状況を変えなくてはならない。本書の目的は、エコ・エコノミーというビジョンの輪郭を描くことである。

アメリカでは、エネルギー省の全米風力資源要覧のおかげで、いまやノースダコタ、カンザス、テキサスの3州に国内の電力需要を満たしうるだけの利用可能な風力エネルギーが存在することが知られている。

ヨーロッパでは、風力タービンが炭鉱に取って代わりつつある。現在、電力の15％を風力発電から得ている。ドイツ北部のいくつかの地域では、石炭火力発電所の建設を禁止したデンマークは、現在、電力需要の75％までが風力で満たされている。

1年前、熟考の末に私がたどり着いたひとつの結論は、これらの目標を達成するためには、新しいタイプの研究機関をつくる必要があるということだった。そこで、2001年5月、リー・ジャニス・カウフマンおよびジャネット・ラーセンとともに、アースポリシー研究所（Earth Policy Institute）を創設した。本書『Eco-Ecommomy : Building an Economy for the Earth』は当研究所の最初の出版物である。また、私たちは世界の風力開発や中国北西部における荒地化といったトピックを取り上げる Earth Policy Alerts の発信も開始した。これはエコ・エコノミーに向けての人類の前進に影響を与える諸動向に目を光らせるものである。

いつもこう答える。「自転車を活用して、自動車の利用を減らしたり、新聞紙をリサイクルするなど、生活のあらゆる側面で私たち一人ひとりが自己改革をする必要がある」と。しかし、「それだけでは十分ではない」と私は強調する。私たちは社会経済システムを変えなくてはならない。

そのためには、税制を再構築する必要がある。所得税を減らす一方で、環境への負荷の大きい生産と消費への課税を増やして、価格が生態学的現実を反映するようにする必要がある。地球環境の劣化を反転させることを望むならば、こうした税制改革は不可欠である。

本書は3部から成る。第1部は「環境へのさまざまなストレスとその相互作用」で、これまで報告されてきた気候、水、暴風、森林、土壌、種の絶滅などの変動の現実が解説される。さらに、これらの環境変動の相乗作用が、予想を超える脅威をもつことが強調される。第2部は「環境の世紀の新しい経済」で、人類の挑戦である「エコ・エコノミー」が解説される。第3部は「エコ・エコノミーへの移行」で、人口の安定化、経済改革を実行する政策手段などが語られる。第3部の最終章の最後の節「まだ時間はあるのか」が、最も関心の深いところであろう。ここでは、「改革断行の時間はある」という。「人類が力を合わせて持続可能な経済を構築するのか」、または「環境的に持続不可能な今日の経済を衰退するがままに放置するのか」、そのどちらかである。中道の道はないと言い切る。

ワールドウォッチ研究所 地球白書 2002/03

クリストファー・フレイヴィン編著 エコ・フォーラム21世紀日本語版監修
地球環境財団／環境文化創造研究所日本語版編集協力
家の光協会 2002年 2730円 (416ページ) A5判 ISBN: 9784259546120 (4259546120)

本書の「はじめに」は、次の文章ではじまる。

2002年8月にヨハネスブルクで開催される地球サミットは、新世紀の幕開けに全人類が直面しているもっとも根本的な課題に、各国首脳が取り組む貴重な機会である。世界経済は地球の自然生態系との新しい調和を見いだせるのだろうか。今日存在する10億を超える貧しい人々に加え、この先数十年のあいだに世界人口に上乗せされる20億〜30億人の基本的ニーズを満たすことができるのだろうか。

地球サミットで協議すべき事項を明確化することが、本年版『地球白書』の最重要課題である。歴史的に有名なリオデジャネイロの地球サミットから10年がたつ。その後の成果を振り返り、向こう10年間に起こる変化のペースを加速させる方法を考えるよい機会である。過去10年間に持続可能な社会を築く過程で、無数の失望と成功を見てきた。すべては貴重な教訓であると私たちは考えている。

第1章の「ヨハネスブルク・サミットの課題」には、自然界の犠牲・一般市民の配慮・新たな経済モデルを開拓する・将来を考える、という節がたてられ、「より安全な世界をつくり出す」ことを目的にこれらの現状・将来が語られる。その一例として、地球環境においてもっとも重要な気候変動のIPCCの報告書が紹介される。

IPCCの第3次報告書「温暖化の大半は人為的なものと判断」
地球環境においてもっとも重要な問題は気候変動である。温室効果ガスの排出、気温の上昇、海水面の上昇、異常気象の頻度と強度の高まりなど、それぞれの相互作用について、ここ10年のあいだに理解を深めるにつれ、この問題は重要性を増してきた（第2章参照）。南極やグリーンランドの氷床コアを分析すると、現在の大気中の二酸化炭素濃度は過去42万年のなかでもっとも高いことがわかる。世界の気温の記録には、1990年代が19世紀に測定が始まって以来もっとも暖かい10年だったことが示されている。さらに科学者らは、過去100年のあいだに世界の海水面が10〜20センチメートル上昇したと報告している。このような各種のデータをふまえて、世界中から集まった2500人以上の科学者で構成される気候変動に関する政府間パネル（IPCC）は1996年に、変動する世界の気候に人間の影響が及んでいることは明らかだという警告を発した。2001年の第3次報告書では、さらに踏み込んで、「過去50年間の温暖化の大半は人的活動に起因する」と明記された。

第2章の「温暖化防止への取り組みを地球規模で前進させる」には、科学の進展・テクノロジー

と経済の新しい考え方・気候政策――理論と実際・気候変動ビジネス・政治の風向き、という節がたてられている。アメリカの政治的なご都合主義、それによる孤立するアメリカの問題点、さらには、このことによる日本の動向に関心が寄せられている。最後に、地球サミットでの優先課題を提案する。

地球サミットでの優先課題――地球温暖化防止の取り組みを進める

□ヨハネスブルク・サミットの前に京都議定書を発効させる。
□大気、エネルギー、財政、産業、技術の分野で「アジェンダ21」の実施状況を見直し、気候変動の新たな状況を明らかにする。
□京都議定書の実施をめざす政策決定者にとっての信頼できる基盤としてのIPCC（気候変動に関する政府間パネル）第3次報告書の重要性を再認識する。
□アメリカの京都議定書への復帰の必要性を強調し、排出量削減取り組みの第2期を考慮し、排出量削減目標を掲げる国を拡大するとのヨハネスブルク・サミット以降の気候交渉の青写真を示す。
□2000年に国連と民間セクターのあいだで取り交わされた「グローバル・コンパクト」にならって、自発的な「世界気候コンパクト」の設置に努力し、経済界のリーダーにエネルギー効率の高い製品、再生可能エネルギー、水素および燃料電池技術の導入を促進するよう求める。

第3章の「農業のもつ社会的役割を評価する」では、次の節が設けられている。機能不全農業の増加・豊かさのなかの飢餓・農業の本質・なぜ農村地域を気にかけるのか・食の倫理。最後に

地球サミットでの優先課題が提案される。

地球サミットでの優先課題——農業の本来の役割を評価し、それを実現する
□農業補助金を生態農業の支援にまわす。
□農薬や化学肥料や工場化した大規模畜産に課税する。
□土地を再分配し、男性のみならず、女性にも明確な所有権を保証する。
□輸出補助金とそれがもたらしている食料のダンピング輸出を排除する。
□農業における平等の権利と支援を女性に保証する。

第4章の「有害化学物質を減らして、汚染から開放される」では、次の節が設けられている。
化学産業経済・はるかな時代からの金属であり、現代の脅威でもある鉛と水銀・POPsと事前警告・変動する国際状況・環境民主主義と市場・技術革新と機会・未来へ向かって。
気候変動の次に大きな問題は、有機化学物質であろう。気候変動に関する世界規模の協議がハーグで暗礁に乗り上げてから3週間後の2000年12月初め、有害化学物質に関する新しい世界条約を締結するための交渉のほうは、環境保護論者と化学産業界代表とが揃って歓迎する文書の最終とりまとめに成功した。
この条約が定める主要目標は、(1) 意図的に商業生産される、10種類の残留性有機汚染物質(以下、POPsと表記)の製造と使用を世界的に禁止すること［ただしDDTについてはマラリア対策としてのみ例外として認められている］、(2) 製造過程の副生物である2種類の物質の排出を低減

して最終的に廃絶すること、の2点である。POPsは、環境中に残留し、食物連鎖を通して生物濃縮される、生物に有害な物質である。条約で規制される農薬のうち9種類は、すでに少なくとも60か国で禁止されている。さらにこの条約が評価される点の1つとして、禁止リストを追加する手続きを定めていることが挙げられる。ここでの地球サミットでの優先課題は次の通りである。

地球サミットでの優先課題——有害化学物質を減らす

短期的課題
□世界規模での有鉛ガソリンの廃絶。
□主要な国際環境条約の批准（POPs条約、バーゼル条約、ロッテルダム条約）。
□代替物質と環境に負荷を与えない廃棄物処理方法との研究に対する十分な投資。
□農薬散布や洗剤などの拡散タイプの使用における残留性合成物質の排除。
□商業施設および住居における殺虫剤の使用への課税。
□有害物質の使用と排出に関する統一され、かつ提出義務のある報告制度の採用。

長期的課題
□金属鉱石をはじめとする工業原料の採掘にともなう水銀、鉛をはじめとする有害副生物質量を最小限にする。
□石炭火力発電を減らし、最終的に廃絶。

Restoration of Inland Valley Ecosystems in West Africa

Eds., S. Hirose and T. Wakatsuki

Association of Agriculture & Forestry Statistics　2002　ISBN: 9784541029201 (454 1029200)

本書は、基本的には『西アフリカ・サバンナの生態環境の修復と農村の再生』（廣瀬昌平・若月利之編著、農林統計協会　１９９７年）の英訳である。過去十年以上にわたる現場の圃場研究の集大成を試みたものである。

したがって、本書の内容は多岐にわたる。それぞれの研究分野の調査研究にとどまらず、農業、林業、牧畜とこれらの融合システムの確立、実行可能なサバンナの再生戦略の確立と小低地集水域のベンチマークサイトの村を舞台とした実証試験、すなわち、農民参加によるアジア的水田造成と水田農業のオンファームトライアル、アグロフォレストリーの試行と村落苗畑の設置と管理、養魚池の造成と養魚、さらに農耕民スペと牧畜民フルベの共生システムなどを扱っている。

第1章では、地球環境問題が直接に人間生存の危機として現れている西アフリカの現状と、水田と森林の環境技術によって西アフリカの大地を再生する戦略が語られる。

第2章では、西アフリカの生態系、すなわち地質、地形、水文と低地の土壌の種類と分布およびその理化学性の特徴を広く概観している。

第3章では、ギニアサバンナ帯のヌペランドの伝統的農業と作物生産について調査した結果から、合理的な伝統的土壌保全農法を明らかにしている。

第4章では、ギニアサバンナ帯における森林保全と生態系修復に向けた対策を講じるうえでの基礎資料をとりあげている。

第5章では、本調査地の大地を農耕民スペとともに分け合って生きている牧畜民フルベの生態人類学的調査の結果を述べている。

第6章では、上記の調査結果を踏まえて組み立てられた低地アフリカ適応型水田稲作実証技術を、研究者が農民の囲場を使って行うオンファーム研究と、農民が中心となって行う農民参加型のオンファーム・トライアルからその可能性と問題点を指摘している。

第7章では、本書の総括と結論を述べている。

これは、16人の日本人、4人のガーナ人そして4人のナイジェリア人によって書かれた確実に現場を意識した国際色豊かな書である。この書を眺めていると、研究の継続性とリーダーシップの重要性が痛切に感じられる。

Nitrogen in the Environment: Sources, Problems, and Management

Eds, R.F. Follett and J.L. Hatfield

Elsevier 2001 ISBN: 9780444504869 (0444504869)

窒素。「ものみなめぐる」ということの大切さと、「万物流転」の法則をこれほどよく教えてくれる元素は、ほかにないであろう。

人間は、これまでもプラスチックや放射性物質やフロンなど、たくさん作りだした。それらは、「めぐる」ことのできないものを、「めぐる」ことのできないままに、使い捨てられ、たまりつづけ、われわれの住む地球生命圏を窮地に追い込んでいる。「めぐらない」から抜けだして、窒素のもつ「めぐる」に帰依しないと、地上はいずれ取り返しのつかない世界となるであろう。

しかし、すでにわれわれ人間は、この窒素のもつ「めぐる」にも重大な変調をもたらした。その中でも環境変動に最も大きな影響を与えているのは、大気圏における亜酸化窒素（N_2O）の濃度上昇と、地下水の硝酸性（NO^3）窒素濃度の増大などである。

これらの窒素成分の生命圏での濃度上昇や循環の変調によって、温暖化、オゾン層破壊、酸性雨、地下水汚染などさまざまな地球環境の変動がもたらされた。その結果、いまや地下水から成層圏に至る生命圏すべての領域が、地球環境変動の脅威にさらされている。

このような変動は、大気中に無限（空気の78％）に存在する窒素（N_2）が、われわれ人間の手によっ

147

て自然界のそれよりも上回る速度で地上へ固定されることからはじまった。そのうえ、固定された窒素は、生態系のバランス、場所および時間などの要因を考えないままに、大地に還元され循環している。このため、窒素の「めぐる」はすでに変調をきたしている。

もちろん窒素は生命にとって不可欠な元素である。これは、アミノ酸とよばれる分子種の基本的な成分である。これらは、生命を維持するためになくてはならないものである。アミノ酸が合成されたものがタンパク質で、これは酵素や酸素のような小さい分子を転移させたり貯蔵する機能をもつ。また窒素は、DNAを創る塩基の基本的な組成でもある。DNAは、すべての生命体の遺伝的コードを運ぶ分子である。また、窒素はほかにも生物学的に重要な役割がある。例えば、呼吸するとき酸素の代用品として酸化形態での窒素を利用することができる有機体もある。一方、還元された窒素を酸素で酸化でき、エネルギーを解放するものもある。

実際、窒素は酸化と還元状態でおどろくほど様々な顔を呈する。酸化数がプラス5からマイナス3まで多数にわたる顔をもつ。このことは、窒素の循環に最も大きな影響を及ぼす要因は、生物的に調整された酸化還元反応が中心にあることを意味する。このように酸化還元反応によって窒素の顔が変わるということは、様々な条件で、窒素がある系からほかの系へ移動するということを示している。

窒素は土壌、地殻、海洋、動植物および無機成分として大気のあいだを様々な形をとりながら流転している。あるときは有機および無機成分として土壌の内部に、あるときは気体として大気の中に存在する。すなわち、窒素は時空を越えて巡っているのである。それは、人間圏が農業生産を開始し、人間圏が成立したときから、窒素の循環に変調が訪れた。

環境学の技法

石 弘之 編

東京大学出版会 2002年 3360円 (284ページ A5判) ISBN: 9784130321129 (4130321129)

豊かな物質文明を享受し始めたときからである。窒素固定・肥料製造、森林伐採・湿地干拓、化石燃料の燃焼および食料増産などが、窒素の循環をかえた。その結果、温暖化・オゾン層破壊・酸性雨などの現象が大気環境で、浸食・栄養バランスの変動などが土壌環境で、飲料水の悪化などが地下水で、サンゴ礁の被害が海洋で起こって、現在も進行中である。

このような多岐にわたる窒素の問題を、「環境中の窒素 発生源・問題点・管理」と題して世に問うたのが本書である。背景と重要性、水質、大気への影響、調査予測と管理技術、経済と政策の論点などの各節で、それぞれの問題点が解説される。

表紙のカバーの裏側に次のような文章がのっている。
「環境学」とはなんだろうか？ 環境学はなにをめざすのだろうか？ 私たちなりの「環境学」の輪郭を定める上で拠り所としたのは、自然環境の「ハード」面ではなく、それを認識し、そこ

に働きかける人間的な「ソフト」の面である。たとえば、自然環境をめぐって人はなにを争い、なぜ協力するのか、そして調査をする人は「問題」にどうかかわるのか。自然科学的な知見さえ社会的な文脈の規定を免れるわけにはいかない。……対象と距離をとり、種々の方法を場面に応じて組み合わせ、読み解いていくこと。問題解決の研究につきまとうこの難問に対処する技術は、しかし個人の裁量に依存する。この「裁量」の中身を分解し、「技法」として目に見える形で再構成してみようというのが、環境学の確立にむけて私たちがとった最初の一歩である。

本書の第1章では、その考え方がまとめられている。「環境問題の新たな枠組み」では、環境学の目的は、次の段階への移行過程の研究、教育にあること、環境研究のこの多層・循環性構造を、環境学の新たな枠組みとして想起することにあると解説する。

その段階とは、(1)「環境状況」から「環境変化」を認知し、(2)「環境変化」から「環境問題」を抽出し、(3)「環境問題」から「問題解決」に取り組み、(4)「問題解決」から「新たな環境状態」を想定することである。

また、「揺れ動く環境学」では、環境学を構築するにあたって再認識が必要であることが解説される。それは、環境に対する意識の歴史的な変化である。その時代を、(1) 自然の時代、(2) 公害の時代、(3) 環境の時代、(4) エコロジーの時代にわけ、その時々の環境に対する認識が整理される。

Climate Change: Implications for the Hydrological Cycle and for Water Management
Ed. Martin Beniston

Kluwer Academic Publishers 2002 ISBN: 9781402004445 (1402004443)

　人口の増加と気候変動、それに伴う水不足が穀物生産に大きな影響を与えている。「貧困」に対処するとともに「持続的発展」に取り組むためには、「環境対策」、たとえば水資源の確保、適切な水循環や水の安全性の確保が不可欠である。気候変動と水不足は関連しあっている。気温が高くなれば蒸発量も増え、ある場所では干ばつも増える。これから先、はたして京都議定書でよかったのか、もっと前向きに協定するべきでなかったのかという危惧の念が生じるかもしれない。

　たとえば中国の穀物生産量は、この2年間下降している。50年代から99年までは増加し続けたけれども、2000年から生産量が落ちている。2002年もこの傾向は変わらない。様々な要因が関係しているが、水不足が大きな原因のひとつである。

　本書は、気候変動にともなう水循環と水管理のための関わりを述べたものである。ヨーロッパ、カナダ、カナリア諸島、アルプス、スカンジナビア、スウェーデン、スペイン、ドイツ、スイス、イスラエル、ライン、オーストラリア、アフリカ、中国、中東などの水の問題を個別に詳しく紹介している。21世紀は、多くの国が水問題でなんらかの対策をとらなければならないであろう。新しい問題なので、どの国も経験が乏しい。今後の水問題を考えるうえで、貴重な書である。

151

環境保全型農業 10年の取り組みとめざすもの

平成13年度環境保全型農業推進指導事業

全国農業協同組合連合会・全国農業協同組合中央会編

家の光協会　2002年　2625円（191ページ　A5判）　ISBN:9784259517830 (425951783X)

環境保全型農業に関して、国内における地際、世界における国際、そして現在と未来のあいだの世代関係のあるべき姿を、誰が代表して考察するのか。となれば、その第一人者は知識人である。しかし、近現代において、知識人は衰退する一方である。そのかわりに、特定分野の情報に長けた専門人が増えてきている。その傾向が、いわゆる高度情報化の動きのなかでさらに加速させられている。知識を総合的に解釈する者が少なくなって、知識を部分的に分析したり、現実的に利用するものがわがもの顔をしはじめたということである。その上、多くの専門人はその分野の責任を避けるため、専門に没頭しているかのようにも見える。とくに環境問題は、知識人たることがきわめて難しい分野である。

本書の第1章「環境保全型農業10年の動きとこれからの方向」は、環境保全型農業に関して上述の疑問を払拭してくれる。わが国の環境保全型農業を、国際、学際そして地際の観点から見ている知識人の書いた章だからだ。環境保全型農業とはなにかが、米国、EU、日本にお

152

て比較される。また、環境保全型農業に関連する国内の最近の政策が紹介される。これらの背景の後に、全国環境保全型農業推進会議の歩みが、推進憲章、行動方針、推進コンクールなどの説明とともに語られる。つづいて、環境保全型農業の現状が解説される。ここでは、世代間に関わる担い手の問題、具体的な肥料・農薬の節減程度、環境保全型農業に取り組む農家数、エコファーマーなどの紹介がある。これらのことからも、地際をその領域に入れなければ環境問題の解決は成立しないことが解る。第1章では、環境保全型農業における認証問題が、有機農産物の検査認証、特別栽培農産物の栽培基準の検討、環境にやさしい農産物の認証の観点から書かれている。環境保全型農産物と環境指標という項では、農業者の環境問題意識、地下水の硝酸汚染が紹介される。

最後の「これからの方向」が、将来の環境保全型農業にとって重要になると考える。それは、①地域資源循環、②地下水の硝酸性窒素濃度に配慮した土壌管理、③生産物の安全性と生物多様性の保全に配慮したIPM、④有機性廃棄物の循環的農業利用、⑤地球温暖化ガスの削減に対する貢献、⑥安全・良質な農産物の流通を保証するシステムの確立である。

Global estimates of gaseous emissions of NH₃, NO and N₂O from agricultural land

IFA and FAO, Rome 2001 ISBN: 978-9251046890 (9251046891)

本書は、作物生産のために圃場に施用された化学肥料と、堆肥から発生するN_2O、NO、および揮散するNH_3を世界的規模で推定したものである。これらの定量化は、窒素肥料の使用効率を推定したり、大気汚染、生態系の酸性化や富栄養化への影響を知る上で重要である。

本書は文献のまとめと、N_2OとNO_xの発生およびNH_3の揮散に関わる規定の要因(たとえばN供給割合)と測定技術を考察したものである。モデル式を使った地球規模での年間発生量は、耕地と牧草畑からN_2O-Nは350万トン、$NO-N$は200万トンである。肥料由来の発生量はそれぞれ90万トンと50万トンで、それらは、施肥窒素のそれぞれ0.8および0.5%に相当する。NH_3の揮散は、施用した化学肥料の14%に相当する。22%(途上国から60%)である。ある種の肥料からはNH_3揮散は予想していた値より高いようである。17枚の表と12枚の地図と3枚の図が大変役立つ。以上が本書の概要である。

農業にとって進歩とは 人間選書58

守田志郎著

農山漁村文化協会 1987年（218ページ B6判） ISBN:9784540780202 (4540780204)

守田志郎著

守田志郎は1977年に没した。守田志郎の農業への思いは、この本に甦り、次の年の1978年に第1刷が発行された。著者の思いは再び甦生し、2002年に第8刷が発行された。それは、西尾敏彦氏による解説、「農業にとっての進歩が、真に問われる時代」が増補されたことにもよる。守田志郎は決して「早くきすぎた青年」ではなかった。しかし、本書の再来は、著者の指摘してきた問題がますます顕著になってきたことや、効率を追求し続けたわが国の農業の付けが環境問題にまで及んできたことから喚起されたことに間違いはない。

農業にとって示唆に富む内容を3点紹介する。はじめは、「思いこむ」側と「思いこませる」側である。農家が「思いこむ」ことを期待する「思いこませ」は、都会から出ている。戦後のおよそ50年の間、わが国では考えることも行動することもすべて自由な社会になったようにみえる。都会は政治の面でも経済の面でも、そして文化の面でも主人公であり、農家の人たちはそのためにあり、田や畑はそのために使われなくてはならないと、都会は考える。農場は、化学工業や自動車工場のように米を生産する工場だと、都会は農業に「思いこませ」てきた。農家もそのよう

155

に「思いこむ」ようになった。この呪縛から自分を解けと著者はいう。品種選びも許されず、作づけの工夫を生かす余地もない。創意工夫の自由まで奪われた農業が、元気が出るはずがない。

ふたつめは、西尾氏も指摘しているように「分けたまま」である。わが国では、ドイツのリービッヒのチッソ、リン酸、カリの3要素説を直接農家に解説したことである。そこには、土壌の熟成や地力の問題に「もう一度もとにもどす」システムがなかった。このことは、わが国のすべての科学の宿命のようなところがある。西尾氏はこのことを説明するため、村上陽一郎の論考を引用し、ササラ（細かく割った竹を束ねたもの。器などを洗うのに用いた）とタコツボを例にあげる。前者は西欧の科学であり、後者は日本の科学である。ササラのように先端は分かれていても、根本は1本の太い幹になっていて、養分の行き来がある。日本の科学は明治以降、性急に導入されてきたため幹がなく、それぞれがタコツボを掘るようにして発展してきたというのである。西欧の科学に学んだのはよいとしても、農業までが幹をもたない「分けたまま」の技術になった。はたしてこれが進歩といえるのであろうか。

最後は、「土が死ぬ」である。土が生きているという発想がないことへの恨みである。一般的に生命は最低限、つぎのような3つの性質をもつものをさすと考えられている。

1　ある種の境あるいはしきりをもって、周囲の外世界から独立した空間を保持する。
2　外界から物質やエネルギーを取り込んだり、放出したりする代謝をおこなう。
3　自己複製をおこなう（繁殖する）。

The Nitrogen Cycle at Regional to Global Scales, Report of the International SCOPE Nitrogen Project

Eds., E.W. Boyer and R.W. Howarth

Kluwer Academic Publishers 2002 ISBN: 9781402007798 (1402007795)

ここでは、これらを証明することは避けるが、土壌は、大気圏や水圏などから独自の土壌圏を保持し、大気圏や水圏との間で物質やエネルギーの交換をし、そのうえ風化作用により繁殖し続けている。著者は、この田畑が死なないような農法を考えなければならないと強調する。

この本は、国際学術連合（ICSU）の環境問題科学委員会（SCOPE）が行った国際プロジェクト、「窒素の移動と動態　地域および地球規模の分析」の最終報告書である。SCOPEは、いかに人類が広大な地域スケールで地球規模の窒素循環に変化をもたらしたかをより深く解明するため、このプロジェクトを1994年から2002年の8年間かけて遂行してきた。人類の活動により、地球の大陸表面の反応性を示す窒素の生成割合が2倍になり、そのため窒素循環が促進されている。この反応性窒素の分布は一定ではない。ヨーロッパやアジアのある地域では反応性窒

素が大規模に増大しており、一方ほかの地域ではほんのわずかしか変化していないところもある。

このSCOPE窒素プロジェクト報告は、過去8年間以上にわたるワークショップのシリーズを通して、人間が及ぼす窒素循環への変動を詳細にまとめたものである。これらに参加した科学者を累積すると、20カ国、250人に及ぶ。これまでのワークショップの結果は、次のタイトルでさまざまな雑誌の特集号や特別報告書にまとめられている。

☐ Nitrogen on the North Atlantic Ocean and Its Watersheds (Howarth 1996)
☐ Nitrogen Cycling in Asia (Hong-Chi Lin et al. 1996; Mosier et al. 2000)
☐ Nitrogen Cycling in the Temperate and Tropical Americas (Townsend 1999)
☐ Nitrogen Dissipation in the Environment and Emissions of Nitrogen Gases to the Atmosphere (Tsuruta and Mosier 1997; Mosier et al. 1998)
☐ The Ecological Society of America on Global Alteration of the Nitrogen Cycle (Vitousek et al. 1997)
☐ The Ecological Society of America on Nitrogen Pollution of Coastal Ecosystems (Howarth et al. 2000)
☐ The US National Research Council on Coastal Ecosystems (Howarth et al. 2000)
☐ The US National Research Council on Coastal Nutrient Pollution (NRC 2000)

反近代の精神 遊学叢書 27

熊沢蕃山・大橋健二著

勉誠出版 2002年 4725円（392ページ A5判）ISBN: 9784585040873 (4585040870)

なお、これらの報告書の出典は、本書の「まえがき」に紹介されている。本書は、植物による大気の窒素固定から政策への提言まで、きわめて幅広い内容の本である。窒素の研究が、地域、地球および政策面からもきわめて重要であることをこの本は教えてくれる。

熊沢蕃山（1619～91年）は、中江藤樹（1608～48年）に陽明学を学んだのち、江戸を代表する賢者のひとりである備前藩主池田光政に抜擢、重用されて三千石を賜り、岡山藩の執政として縦横に経綸の才をふるった。しかし、陽明学と幕政批判により、幕府から反体制の危険人物と見なされたため、追われるように各地を転々とし、ついに下総の古河で幽閉され窮死した悲劇の人物である。

蕃山の肖像画には、強気と頑固な政治家風のなものと、白皙の美男子風の「柔和温良」なものとがあるという。このような違ったふたつの顔。どちらが蕃山の実像に近いのであろうか。マックマレンは語る。それは彼の人間像そのものと、その思想の双方を覆っている。彼の人生

経験の驚くべき多様さ、また、それに呼応するかのような彼の思想の幅広さに由来すると思われる。容貌が異なるふたつの肖像画があるように、研究者にとっても蕃山の人間像は不可解で解りにくく、当惑を覚えずにはおかない存在であるようだ。前半生の栄光と後半生の悲惨。尊敬と嫌悪。いわば光と影にも似た対照的なものに彩られている。

『情報―農業と環境』に、このような熊沢蕃山をとりあげたのは、優れた経世家であるとともに大破壊大懐疑の人物であったにもかかわらず、エコロジーの先駆者であったことによる。ここでも蕃山は光と影をもつ。蕃山は、日本の儒教思想の伝統のなかから空間の思想をとりあげて、環境土木の哲学を創造した第一人者であろう。「土木事業を進めるにあたっては、環境への配慮を欠いてはならない」という思想である。

蕃山の認識は、「山川は天下の源である。山はまた川の本である」ともいいかえられる。これは、「山林は国の本である」ということである。自然と人間社会の全体を、基本原理である陰陽の気の様態として説明するこの思想は、天地という広がりと四季の時間的変遷を枠組みとする一種の空間の哲学である。南方熊楠は、エコロジーの先駆者としての蕃山の文章を次のように引用する。

「山川は天下の源なり。山又川の本なり、古人の心ありてたて置きし山沢をきりあらし、一旦の利を貪るものは子孫亡るといへり。諸国共にかくのごとくなれば、天下の本源すでにたつに近し。かくて世中立ちがたし。天地いまだやぶるべき時にもあらざれば、乗除の理にて、必乱世となることなり。乱世と成りぬれば、軍国の用兵糧に難儀することなれば、家屋の美堂寺の奢をなすべきち

私の地球遍歴 ―― 環境破壊の現場を求めて

石 弘之著

講談社 2002年 1785円（297ページ B6判）ISBN: 9784062114912 (4062114917)

著者は東京大学教授を退官し、この10月に駐ザンビア大使に着任した。かつて、国連ボーマ賞、

「山林とそこから流れ出る河川は、天下万物を育む生命の源である。にもかかわらず、経済の論理を優先して利のために山の木を切り倒してしまえば、山は水を出さなくなり、川は枯れ果てる。天下の本源というべき山と川が荒廃すれば、天下は必ず窮してその結果乱世となる。乱世となれば、戦争のために多くをとられ、木を切り倒して豪邸や豪壮な寺院を造る余裕もなくなる。この間に山々の木々は元のように生い茂る。川にも満々たる水が湛えられるようになるだろう。蕃山はこのような逆説を悲観的に語っている」

農業と環境を研究する者にとって、本書は考えさせる多くの内容を含んでいる。環境論の立場から蕃山を高く評価した鳥取環境大学長の加藤尚武の話や、南方熊楠、安藤昌益、田中正造など環境史を研究するうえで避けて通れない先達と関連づけながら解説される本書は、格好の環境哲学史でもある。

からなし。其間に山々本のごとくしげり、川々むかしのごとく深く成事なり」（『集義外書、巻三』）

国連グローバル賞500賞、毎日出版文化賞を受賞している。環境研究を志している人で、この著者の名前を知らない人はまずいまい。主な著書に『地球環境報告』『地球環境報告2』『酸性雨』『インディオ居留地』『地球破壊七つの現場から』『地球への警告』『知られざる地球破壊』『地球環境運動全史(訳本)』『緑の世界史(訳本)』『環境と文明の世界史』(98ページ参照)『環境学の技法』(149ページ参照)などがある。

本書は、これまで125カ国を訪れた著者が、地球が抱える主要な環境問題から「環境保護運動」「熱帯林破壊」「砂漠化」「環境汚染」「水資源」「海洋汚染」「地球温暖化」「原発事故」「戦争」を拾いだし、いずれも、その現場に立ち合った著者自身の体験をつづったナマモノである。125カ国の訪問とそこで得られた上記の環境問題の体験は、かつて31か国を訪れたことのある筆者(これを書いている本人)からしても想像に絶するものがある。

著者は、「まえがき」で語る。「私はこれまでも、そうした現場からの報告はさまざまな形で発表してきたが、その多くは報道であり、論文であった。本書は、私としてははじめて一人称で書いたものである。正直いって自分を書く気恥ずかしさを味わった」と。気恥ずかしさを味わいながらも出版された本書は、結局のところ多くの若者に読んでもらいたいからである。そのことは、「まえがき」の後半に表現されている。いわく、「世界をまわっていて、あまりにも多くの若者が未来に関して無関心であることに、あらためて愕然とする。フランスの歴史学者ミシェル・ボーがいうように「無関心は私たちの世界を腐敗させる」のである。本書はそうした若者にも読んでほしい、未来へのスタートラインを示したつもりである。……(省略)ここまでひどくしてしまっ

た地球を直視しなければ、未来への出発もない」と。

地球が抱えるさまざまな環境問題は、大地や大気の悲鳴ととることもできる。この悲鳴に呼応して人間の叫びを、人間の心の悲鳴を表現してしまったのがこの本である。著者は、臆面もなくいたるところで泣き怒る。それは、地球の多くを見過ぎてしまった男の嘘偽りのない涙と怒りなのである。

ここでは、第2章「死に急ぐ先住民たち」から始まって、9章「原発事故の余波」の中からの印象的な文章を記載して紹介にかえたい。

第2章

ブラジルが狂奔する「開発」に私たち日本人も手を貸し、大豆の輸入ひとつとっても間接的にせよインディオ迫害に関わっている。生物学的には環境の質を示す指標は、その環境にもっとも適応してその場所以外では生存のむずかしい生き物が選ばれる。地球環境の悪化を示す事例はいろいろ挙げられるが、自然環境と高度に共生してきた先住民が生きていけなくなったことこそ、地球環境の悪化が最終段階に入ったことを雄弁に物語る指標であろう。もしかしたら、先住民の間に自殺が多発しているのは、開発へのはかない抗議ではないか、という気がしてならない。

第3章

実はこの薪不足地域は、飢餓地域と重ねるとぴたり一致する。根は同じ森林の破壊にあり。一方で、農地や放牧地を荒廃させ、他方で燃料不足に追い込んだのである。薪を集める、畑を広げる、家畜

に草を食べさせる、こうした毎日の生活の積み上げが、やがて森林を枯渇させ土壌を悪化させる。そこに干ばつが襲ってくると、大地は作物をつくり家畜を育むことを拒否する。エチオピアの姿は、意図せずに自然を収奪しつくしていく人類のサガをみる思いがして仕方がない。

第4章
この砂漠の村も、長年の酷使で傷んだ船底に開いた穴であろう。日本はさしずめ、一等船客である。船底で浸水と戦っている人々に、かわいそうだからと食べ物や毛布を恵んできた。私たちはその穴を修理するのに、どんな努力をしたのだろうか。沈没するときは一等船室だって同じ運命である。そんな思いを抱きながら、涙を流して送ってくれる村人に別れを告げた。迎えのジープが遅れたために、エルファシャに戻る道は深夜になった。星明かりの中に、砂漠が浮かび上がる。これがあれだけ人間を苦しめている同じ砂漠とは思えないほど、幻想的だった。

第5章
「どうしたら西側の過剰消費を抑制し、伝統的な消費行動を守れるか」という声だけは高い。果たして加速する西欧化から逃れられるのだろうか。日本人からみれば「いつかきた道」である。私たちの二の舞だけは演じてほしくはないが……。

第6章
2000年オリンピック開催地に北京が立候補してシドニーに敗れた原因の1つに、大都市の

大気汚染があった。それ以来、中国は北京市の都市整備や緑化につとめ、燃料を石炭から天然ガスに切り替え、世界に環境対策をアピールしてきた。その甲斐があって2008年の開催も決まり、スローガンには「緑色」が掲げられた。つまり環境保護を前面に押しだしたのである。果たして、このスローガンはいつまで色あせないか、心配である。

第7章

小さな罪では、いっしょに撮った記念写真を送るといって送らない。大きな嘘では「ぜひ君を日本に留学生として呼んであげたい」といったその場かぎりの約束をする。アフリカやアジアで、約束を信じて写真の到着を待ちわび、日本留学を夢見ている若者がどれだけいるか、知っているのであろうか。

第8章

先送りをつづけているうちに、地球上でもっとも環境の変化に敏感な南極がついに悲鳴を上げはじめたのだ。南極一番乗りを果たせなかったロバート・スコットの息子である英国のピーター・スコット卿は、自然保護活動家として南極の保護に打ち込んでいる。「人間の貪欲な欲望をコントロールできないかぎり、南極の自然、そして地球が人間の手によって破壊されていくだろう」と、近著を通じて警告している。

夢にまで見た「空白地帯」の現状は以上のようだった。夢想していたのに比べて、あまりに人間臭かった。むろん、ペンギン、オットセイ、クジラなど多くの生き物には会えた。人間に接し

165

第9章

原発にかぎらず、コンビナート、タンカー、航空機などの巨大技術システムの大事故で不可避のものはまずなく、ほとんどの場合、なんらかの人的なエラーが絡んでいる。どんなに技術が発達しようが、いかにコンピューター制御が進もうが、人間は必ずや間違いをしでかす生き物であることは、日本の原発産業の現場で起きているさまざまな事故や故障を検証すれば容易にわかる。人間が失敗をしても、事故の被害が最小で収まるような等身大の技術への回帰とそれを支える「安全文化」の確立こそが、2つの大原発事故の教訓ではなかったのか。

たことのなかった南極の動物たちは、人を恐れずあまりに無邪気だった。人間は、南極の自然やこの生き物たちをどうする気なのだろう。心のなかにポッカリと新しい「空白地帯」ができた。

多文明共存時代の農業 人間選書241

高谷好一 著

農山漁村文化協会 2002年 1799円 (269ページ B6判) ISBN: 9784540010064 (4540010069)

本書は4章からなる。第1章は「農業の誕生——世界の生態と4つの農業起源地」である。こ

166

の章は、第2章以下の記述をその上に載せるための基礎になる白地図のようなものである。世界を砂漠、草原、森とサバンナ、熱帯多雨林、山地と大きく5つの景観区に分けて、その上に4つの農耕起源の地が書きこまれている。これで農耕が始まったころの地球の様子がわかる。

第2章は「環境に適応した自給的な地域農業」である。ここでは、起源地から拡散していった農業が、到達した先々でどんな地域農業をつくり上げたかが述べられている。この地域農業は、いくつかの類型に分けられる。それがまた細分、ときには再細分される。その様子は代表的な地域農業として図示される。

第3章は「売るための農業」である。第2章で述べた地域農業は、いずれも何千年もかけて、その土地の人びとがじっくりと育て上げてきたものである。第3章はこれとは異なる。第3章は、いわゆる近代に入って他国者がもっぱら利潤追求のためにつくりあげた農業である。単品で大規模な栽培が中心の農業である。代表がプランテーションである。ここではその実例がいくつか述べられている。カリブ海の砂糖キビ、アメリカの棉、ジャワの砂糖キビ、マレーのゴム、それに少し毛色は違うがアメリカのコメが取り上げられている。

第4章は「多文明共存の時代へ向けて――農業をどう考えるか」で、総括と考えられる。ほかは、ここではふたつのことが論じられる。ひとつは、地域農業とプランテーションの関係である。日本の社会の最も大きな特徴は、日本にとって農業はなんだったかということである。すくなくとも、江戸時代から明治時代にかけてはそうであった。その基礎の上に明治以降の日本は大きく伸びた。そして、その基礎が稲作である。この章では、こうしたことが論じられる。

ところで、著者は「はじめに」で語る。「世界は今、大きく変わりつつある。もうすぐ多文明の時代がやってくる。それぞれの社会が本当に自分の身にあった生き方をする時代に入っていくのである。こんな時、本当に強い足腰を持ち、日本人らしい生き方をしようとするなら、私たちはどうすべきなのか。日本が自らつくってきた歴史的背景からして、結局もう一度、農業に目をやり、そこから考え直し、組み立て直していくより手がないのではないか。これが第４章の論点である。また同時に、この小冊子の主張である」と。

著者は、このように様ざまな農業を紹介し、これまでの農業を反省し、その中で出てきたのが多文明共存という考え方であるという。地球上にはいろいろな生態があり、多様な歴史的経緯があるのだから、いろいろな文化、社会があるのは当然であるという考え方である。この多様なものを認めあったうえで、それらの共存の方法を探っていこうという考え方である。わが国でのそのことは、稲作農業であることを著者は主張する。

最後に著者は語る。

「この日本の基底にまだ残っているもの、それを育ててきたのが農業、とりわけ稲作農業であった。そういうことを考えながら稲田を見るとき、私は稲田に深く頭を下げたくなるのである。ありがとうございました、おかげで私たちの今日があるのです。まだ全部がつぶれてしまったわけではないのです、荒れ果ててしまった日本ですがまだ田舎には日本の基底が残っています、ありがとうございました、とそんな気持ちになるのである。

A Better Future for the Planet Earth
Lectures by the Winners of the Blue Planet Prize

The Asahi Glass Foundation pp. 282 1997

私たちはもう少し、自分たちの国の歴史に誇りをもつべきなのではなかろうか。そして、この国を今日あらしめている風土に感謝の気持ちをもつべきではなかろうか。そうしなければ根なし草になった民族では、やってくる多文明の時代はけっして生きのびてはいけない。どの民族も、それぞれに風土の中で風土にあった生活をしていく、それが世界の民族の共存の本当の姿であり、また、人と自然の共存の本当の姿でもある」と。

旭硝子財団は、平成4年に地球環境国際賞「ブループラネット賞」を創設した。地球サミットがリオデジャネイロで開催された年で、時宜を得た賞であるといえる。この財団は、平成14年11月14日に第11回のブループラネット賞を発表し、秋篠宮殿下ご夫妻の参加のもとに表彰式典を挙行した。今年の受賞者は、米国のスタンフォード大学のハロルド・ムーニー教授とエール大学教授のジェームス・ガスターブ・スペス教授である。

ムーニー教授は、「植物生理生態学を開拓して、植物生態系が環境から受ける影響を定量的に把握し、その保全に尽力してきた業績」で、スペス教授は、「地球環境問題を世界に先駆けて科学的に究明して、問題解決を国際的に重要な政治課題までに高めた業績」での受賞であった。ムーニー教授は、SCOPE（環境問題科学委員会）やIGBP（地球圏—生物圏国際共同研究計画）で中心的な役割を果たした学者で、スペス教授は、NRDC（天然資源防衛委員会）、WRI（世界資源研究所）およびUNDP（国連開発計画）で活躍された学者であるから、ご存じの方も多いであろう。なお、1980年に米国で公表された「西暦2000年の地球」は、氏の功績があって大である。

賞の名称「ブループラネット」には、青い地球が未来にわたって人類の共有財産として存在し続けるように、との思いが込められている。本書は、第1回目の Syukuro Manabe 氏から第5回目の Broecker 氏までの経歴、エッセイ、講演内容、受賞業績、受賞者の写真などを詳しく紹介している。

この受賞者と内容の遍歴は、まさに地球環境問題の内容と遍歴でもある。2002年に刊行されるこの本のvol.2と合わせ読むことによって、今後の地球環境研究の方向をさぐる一手段であろう。なお、ブループラネット賞に関する詳細は、旭硝子財団のウェブサイト（http://www.af-info.or.jp）を参照されたい。

地球生命圏 ガイアの科学

ジェームズ・ラヴロック著　スワミ・プレム・プラブッダ訳

工作舎　2520円　1984年（296ページ　B6判）　ISBN: 9784875020981 (4875020988)

原著は、『GAIA: A New Look at Life on Earth』と題され、Oxford University Press から1979年に出版されている。本書は、現在の地球問題を考えるうえで、あらゆる分野の多くの技術者や科学者に多大な影響を与えた。今から22年前の翻訳本であるが、若い研究者のために、ここに紹介する。

ガイアとは、ギリシャ神話に語られる「大地の女神」のことである。遠いむかし、ギリシャ人は大地を女神として敬い、「母なる大地」に畏敬の念をいだいていた。もちろん、わが国でも歴史上いたる国でみられ、いまなおわれわれの信条のもととなっている。もちろん、わが国でも「古事記」にみられるように、石や土を称えた石土毘古神（いわつちびこのかみ）が敬われている。

一方、近年、自然科学の発展と生態学の進展にともなって、地球生命圏は土壌や海洋や大気を生息地とするあらゆる生き物たちのたんなる寄せ集め以上のものであるという推測が行われている。著者のジェームズ・ラヴロックは、この推測を本書で実証しようとする。つまり、地球の生物と大気と海洋と土壌は、単一の有機態とみなせる複雑な系を構成しており、われわれの地球を

171

生命にふさわしい場として保つ能力をそなえているという仮説の実証である。

彼は化学者として大学を卒業し、生物物理学・衛生学・熱帯医学の各博士号を取得し、医学部の教授をへてNASAの宇宙計画のコンサルタントとして、火星の生命探査計画にも参加した。また、ガスクロマトグラフィーの専門家で、彼の発明した電子捕獲検出器は、環境分析に多大な貢献をしている。彼は、『沈黙の春』の著者レイチェル・カーソンの問題提起のしかたは、科学者としてではなく唱道者としてのそれであったと説き、生きている地球というガイアの概念を、天文学から動物学にいたる広範な科学の諸領域にわたって実証しようとする。

本書は第1章から第9章、訳者後記、用語の定義と解説、参考文献からなっている。参考文献は、微生物から宇宙にいたるまで幅広く、なかでも、『Science』『Nature』『Tellus』『J.Geophys. Res.』『Atm. Environ.』『SCOPE』などの雑誌は、われわれにもなじみ深い文献である。

第1章では、火星の生命探査計画にはじまる地球生命への新たな視座、すなわち地球とその生命圏との関係についてのひとつの新しい概念を提起し、ガイア仮説を述べている。第2章では、ガイア誕生のための太初の生命の出発、生命活動と大気の循環、生命圏による環境調整について語る。第3章では、他の惑星との大気組成の比較、微生物の活性などによってガイアを認識させようとする。第4章では、ガイアのもつサイバネティクスを温度調節と化学組成の調節を例にとって解きあかしていく。

第5章では、生理学者が血液の成分を調べ、それが全体として生命体のなかでどのような機能をはたしているかを見るのと同様な扱いで、現在の大気圏をとりまく空気の成分を解説する。ここでは土壌や海洋から発生するメタン、亜酸化窒素、アンモニア、二酸化炭素、硫化ジメチルなどのガスが生命圏の安定状態の維持に重要であることが語られる。第6章では、海洋が〈彼女〉の大切な部分であることを、「海はなぜもっと塩からくならないか」というテーマや、塩分の海洋から大陸への旅で説明する。

第7〜8章では、ガイアと人間について論じている。人間の諸活動がもたらす危険を注意深く監視するのに必要な最重要地域は、熱帯の湿地帯と大陸棚であると強調する。また、オゾン層の増減にはつねに気を配ることを力説する。そして、ガイア仮説と生態学を比較している。ガイアの自己調節活動の大半は、やはり微生物によるものと考えていいとする。さらにガイア仮説と生態学を比較している。「ガイア仮説は、惑星の細部ではなく全体を明かした宇宙空間からの地球の眺望を出発点としている。一方、生態学のほうは全体像というよりは、地についた自然史と、さまざまな生息地や生態系の緻密な研究に根ざすものである。かたや森をみて木がみえず、かたや木をみて森がみえない」と説く。

第9章では、人間とガイアの相互関係における思考や感情という、ガイア仮説のうちでもっとも推測的でつかみにくい側面を語っている。

以上がこの訳書の概略である。本書の前半の6つの章は、いわゆる自然科学の領域で理解でき

ガイアの時代 ―― 地球生命圏の進化

J・E・ラヴロック著　スワミ・プレム・プラブッタ　星川　淳訳

工作舎　1989年　2446円（388ページ　B6判）
ISBN:9784875021582 (4875021585)

るものであろう。けれども、ガイアと人類について論ずる最後の3つの章はきわめて信条的で難解な部分が多い。しかし、本書のような観点から地球をとらえたとき、地球の研究がいかに生命圏の維持、保全に重要なものであるかが理解されよう。著者は語る。「ガイア仮説は、散策したりただ立ちつくして目をこらしたり、地球やそこで生まれた生命について思いをめぐらせたり、われわれがここにいることの意味を考察したりすることの好きな人びとのためのものである」と。

著者はその後、1988年に『The Ages of GAIA: A biography of our living Earth』を書いて、Oxford University Pressから出版した。この本は、スワミ・プレム・プラブッダにより『ガイアの時代』と訳され、工作舎から1989年に出版されている。

本書は、『地球生命圏ガイア』が、その後の科学的知見を元に全面書き直しされたものである。その間、9年の歳月が経過している。

ルイス・トマスは、本書の「序文」で次のように語る。われわれは地球を整合性のあるひとつの生命システムととらえるようになるだろう。それは自己調節能力と自己更新能力をそなえた、一種の巨大生命体である。ここから直接・間接になにか新しい技術的応用が生みだされるとは思えない。が、将来われわれが選択するであろういまとはちがった種類のテクノロジーに対し、新たな、より穏やかな影響をおよぼしはじめる可能性は大きい。

「はじめに」では、著者がガイアの声を代弁したいだけであることを強調する。なぜなら、人間の声を代弁する人の数にくらべ、ガイアを代弁する者があまりにも少ないからである。また「ヒポクラテスの誓い」と題して、本書の目的のひとつに、惑星医学という専門分野が必要で、その基礎としての地球生理学を確立する必要があると説く。

第1章では、この本が書かれた理由を以下のように説明する。本書はわたしたちが属する世界についてひとりの人間の見たままをつづったものであり、なによりも著者にとっても読者にとっても楽しめる本である。これは、田園散歩に出かけたり、コロレンコがしたように友人たちと地球が生きていることについて論じ合ったりする時間をそのなかに含む、ひとつの生き方の一端として書かれたものだ。

第2章は、本書の中で第6章とともにもっとも主要な部分で、生命と生命の条件が解説され、デイジーワールドの進化が提案される。生命としての地球の説明については、観念的には次の文

175

章が理解しやすい。なかに次つぎと小さな人形の入った入れ子式のロシア人形のように、生命は一連の境界線のうちに存在している。もっとも外側の境界は、地球大気が宇宙と接するところである。この惑星的境界線内部で、ガイアから生態系へ、動植物へ、細胞へ、DNAと進むにつれ、生命体の大きさは縮小するが生育はどんどん盛んになってゆく。

第3章では、地球生理学的視点から見た地球の歴史を、デイジーワールドを使い生命の発祥から今日までたどる。

第4、5、6章は、科学的に妥当な年代を順番に並べたものである。最初は生命が発生した始生代で、この代の地球上唯一の微生物はバクテリアであり、大気はメタン主体で酸素は微量ガスのひとつにすぎなかった。原生代と呼ぶ次の中世の章では、酸素がはじめて大気ガスの主体として登場してから、細胞の集団が集まってそれぞれ独自の個体性を持った新種の共同体を形成するきまでを扱っている。次は、動物が現れた顕生累代についての章である。第6章は、第2章と同様にこの本では重要な部分である。

第7、8、9章は、ガイアの現在と未来を扱ったもので、地球上における人類の存在と、いつの日か火星上にもそれが広がってゆくかもしれない可能性とに力点を置いたものである。第9章では、これまで提出された様ざまな質問や問題点に解答を試みている。

この本を読んでいて、農業にかかわる人びとが大きな関心を寄せる箇所がいたる所に現れる。筆者が見つけただけでも、少なくとも9カ所散在する。簡単に言えば、農林漁業はガイアにとって好ましくない存在であると言うことである。以下にその代表的な記述を紹介する。これらの指摘をどのように理解するか、反論があればどのように説得するか、認める部分があればその対策をどのようにとるか。われわれに与えられた課題であろう。

□地球の健康は、自然生態系の大規模な改変によってもっとも大きく脅かされる。この種のダメージの源として一番重大なのは農業、林業そして程度はこのふたつほどではないが漁業であり、二酸化炭素、メタン、その他いくつかの温室効果ガスの容赦ない増加を招く。

□われわれはけっして農業なしには生きていけないが、よい農業と悪い農業のあいだには大きなひらきがある。粗悪な農業は、おそらくガイアの健康にとって最大の脅威である。

自然の中の人間シリーズ 「農業と人間編」 全10巻

西尾敏彦編

農山漁村文化協会 2001年 21000円（B4判） ISBN: 9784540983160（4540983164）

46億年前に地球が誕生して、大気圏、水圏、地殻圏、生物圏、土壌圏などが分化したあとに、

今から約1万年前から人間圏とでも称されるべき新しい物質圏が誕生した。現在、この地球生命圏が、拡大した人間圏の圧力に耐えられるかどうかという全人類的な問題がある。

その原因には次のことがある。すなわち、地球環境問題はまさに人口増加の問題で、人口問題は食料の問題で、食料問題は農業の問題なのである。すなわち、環境問題は農業問題であると言うことである。別な表現をすれば、われわれの生きる糧を生産する農業活動が、地球環境に負荷をあたえているという問題である。

人間の英知でこのような問題を解決するためには、現在の生産力を維持しながら持続的な生産が可能な農法を確立することが必要である。その可能性の例として、農業のもつ多面的機能の活用や、環境保全型農業や持続型農業があげられる。

増加しつつある人口に食糧を供給し続けながら、崩壊しつつある地球環境を保全するという容赦のない難題が、いまわれわれ人類に課せられている。残念なことに、この問題は歳月を追うとともに現実味を帯びてきている。

人間圏の圧力に悲鳴をあげはじめている地球生命圏の姿が、オゾン層にも、大気にも、土壌にも現れている。そのことは、いま問題になっている温暖化、オゾン層の破壊、森林の伐採、砂漠化、土壌侵食などのさまざまな現象に見ることができる。

環境とは、自然と人間との関係にかかわるものであるから、人間と環境の関係は、人間が環境をどのように見るか、そして環境を総体としてどのように価値づけ、概念化するかに対してどのような態度をとるか、によって決まる。すなわち、環境とは人間と自然の間に成立するもので、人間の見方や価値観が色

濃く刻み込まれているものである。だから、人間の文化を離れた環境というものは存在しない。すなわち、環境とは文化そのものなのである。となると、環境を改善するということは、とりもなおさずわれわれ自身を改良することにほかならない。農業の環境においてもこれまたしかりである。

ここに紹介する『農業と人間編』全10巻は、人間が21世紀に自然とどうつきあっていけばよいかを問う。本書は、人と自然の接点に農林水産業をおき、その現場における知恵をさぐる科学絵本である。科学絵本とは言え、これは大人の絵本である。そのことは、本書をざっと眺めただけでも理解できる。さらに熟読すると、これまで「農業と人間」の関わりにいかに関心をよせていなかったかということを反省させられる。

編者と各巻の著者の思いを尊重して、「農業と人間編の刊行にあたって」と各巻の「あとがき」を以下紹介する。

第1巻 農業は生きている《三つの本質》 西尾敏彦（農林水産技術情報協会）

〝農業と人間編〟の発刊にあたって

みなさんは「農業」というと、米や麦、牛乳や肉、果物や野菜などの食べものや、水田の稲刈り、牧場の乳しぼりなどを思い浮かべるのではないでしょうか。もちろん、農業は食料・衣類などを生産し、私たちの生活を豊かにしてくれました。とくに近年は、人口の急増に対応して食料増産にがんばってきました。でも農産物の生産だけが農業ではありません。

あとがき

 農業が食べものや衣服の原料を生産する営みであることはだれでも知っています。でもその前に、農業がもともと〈地球上のさまざまな環境に必死にかじりついて生きてきた人類の知恵〉であることをご存じでしょうか。わたしたちは農業を手に入れたおかげで、1万年もの長きにわたり、この地球のさまざまな環境に適応し、生きながらえることができたのです。この巻はそうした「農

 1万年前、人類が農業をはじめるずっと以前から、この地球には多様な生物が棲息していました。生物たちはつぎつぎに進化を重ねながら、食ったり食われたり、競い合ったり助け合ったり、お互いに依存しあいながら生きつづけてきました。生態系といわれるこのネットワークなしには、どんな生物も生きつづけてはこられなかったでしょう。

 おくれて仲間入りした人類も、この生態系の一員であることには変わりはありません。農業はこの生態系の中で、農作物・家畜・発酵菌などを味方につけて、発展してきました。おかげで人類は今では、地球上のいたるところで農業を営み、豊かな生活を楽しむことができるようになりました。農業は人類を地球の生態系に結びつける太いパイプだったのです。

 でもその農業も、最近は人口の急増を支えるため、環境破壊に加担しているのではないかと心配されています。農業が方向を誤ると、人類は地球の生物仲間を敵にまわし、自らをも破滅させる結果になりかねません。農業は人類だけでなく、地球上のすべての生物の存亡にかかわりをもつ「生命の営み」だからです。このシリーズでは、こうした広い視点で農業を考えなおしてみました。みなさん一人一人が農業について考える参考になれば幸せです。

業の本質」を知っていただけるように、こころがけたつもりです。

この地球上には、未知のものまで加えれば1400万種といわれる途方もない数の生きものがひしめき合って生きています。これだけの生きものが共存できたのは、彼らがこの地球上の少ない資源をたくみにひろい集め、おたがいに循環させて分かち合う、生きもののハーモニーを築き上げてきたからです。わたしたちの祖先もまた、農作物や家畜を味方につけてこのハーモニーに仲間入りし、その和を大切にしながら、地球のすみずみにまで生活圏をひろげてきました。農業は人類を地球の自然環境にむすびつける仲介者の役割を果たしてきたといってよいでしょう。作物や家畜だけでなく、農業も生きているのではないでしょうか。さまざまな自然環境に適応するため、農業というパートナーが多様な進化を遂げてくれたからこそ、人類は今日の繁栄をかちとることができたのです。世界の国々でくりひろげられている独特な農業のひとつひとつが、農業が生きて進化してきたあかしといってよいでしょう。

でも最近は、その「農業と人間」との関係がおかしくなってきています。あわただしい現代の経済社会の中で、わたしたちは〈生きているパートナーとしての農業〉を忘れ、〈ただ経済価値を生みだすためだけの農業〉を求めすぎたように思います。もう一度、「農業とはなにか」を考え直すときがきているのではないでしょうか。本書がそのきっかけとなることができれば、これに過ぎるよろこびはありません。

最後に、この絵本をつくるためにたいへん多くのみなさんのご協力をいただきました。貴重な写真や資料を提供していただいたみなさん、有益なご指摘をいただいた農文協のみなさんに心から感謝申し上げます。

第2巻 農業が歩んできた道〈持続する農業〉　陽　捷行(農業環境技術研究所)・西尾敏彦

あとがき

　農業が歩んできた長い道のりがおわかりいただけたでしょうか。農業の歴史は、はるか1万年以上むかしにさかのぼることができるといわれています。でもその背景には、さらに4億年にもおよぶ土壌生成の歴史がひそんでいます。この気の遠くなるような時間をかけて自然が営々とつくり上げた土というおくりものがあったからこそ、人類は農業を発展させ、世界のいたるところに文明の華を開かせることができたのです。地球上の多様な環境で生き抜いていくために、わたしたちの祖先は親から子へと農業を受けつぎ、さまざまなタイプの農業をつくり上げ、わたしたちの時代にまで発展させてきてくれたのです。農業は、人間が自然の中で失敗をくり返しながら獲得した英知の結晶なのです。

　ところで、わたしたちがたどってきた20世紀とはいったいなんだったのでしょうか。おそらく、科学技術の大発展と、それに付随した成長の魔力にとりつかれた世紀といえるのではないでしょうか。ここでいう成長とは、あらゆる意味の物的な拡大を意味します。農業の立場からいえば、人口増大・食糧増産・エネルギー使用の増大などでしょう。そのためにいま、地球環境問題が起こっています。

　では、21世紀とはどんな世紀でしょうか。21世紀は環境問題の世紀だとよくいわれます。批判をおそれずいえば、環境問題はじつは人口問題の結果なのです。増加しつつある人口を養うことはすなわち食糧問題だし、食糧問題はとうぜん農業問題であり、農業を成り立たせている土の問

第3巻　農業は風土とともに〈伝統農業のしくみ〉岡 三徳（国際農林水産業研究センター）

あとがき

この本では、世界のさまざまな地域の風土に根づいた"農業とくらし"のすべてを紹介したのではありません。ここで紹介した世界のいくつかの農業をつうじて、農業が地域の風土に根ざし、くらしと結びついて改良され、発展してきたことを、読者のみなさんにお伝えしたかったのです。

世界各地に生みだされた農業とくらしの形は、長い歴史の中で、人類がよりよい生活を求めてつくりだしてきた、"生きた文化"なのです。その意味で、わたしたちは、有用な作物、家畜、昆虫、微生物とともに、その生産と利用に蓄積された知恵と歴史をよく理解する必要があります。そして、各地の風土に根づいた農業の形と文化の豊かさを知り、どの農業に対しても平等な価値と認識をもつことが大切です。自然の環境と共存する農業、環境を破壊する農業とがありますが、農業はつねにわたしたちの食料を生産し、生命と生活をささえてきました。風土と調和して育まれた地

題でもあります。わたしたちが有限である土を活かしながら、どんな農業をつくりあげていくかが未来に問われているのです。いうなれば、新しい21世紀はまさに土の農業の世紀といえるのではないでしょうか。

若い人びとが、かけがえのない土の恵みと、その土とともに歩んできた農業の心を大切にする心を持ち続けていただければ、新しい世紀はみなさんの未来を保障してくれるでしょう。環境保全と農業を両立させなければ、わたしたちの未来は保障されないのです。

域の農業とくらしを守ることが、地域、そして地球の環境を守ることにもつながることを理解することが重要になっています。

この絵本をみて、東アジアのモンスーン地帯の風土に根づいてきたわたしたち日本の農業が、世界のどの農業と共通したところがあり、なぜ、熱帯の乾いた地域や湿った地域の農業と違っているかを理解していただけたかと思います。わたしたちは、日本の国土が南北に長く、国内にもさまざまな農業とくらしがあることを知っています。地域の風土に根づき、長い間に形づくられてきた豊かな農村の風景を、わたしたちの農業として理解し、大切に守る気持ちをもってほしいのです。

最後に、この絵本をつくるために、ご協力をいただいた多くの方々にお礼を申し上げねばなりません。わたしが勤務する国際農林水産業研究センターの研究部、情報資料課の仲間、そして農林水産省のほかの研究機関や大学の知人からは、多くの農業情報や写真素材を提供していただきました。ここに記して、心からお礼申し上げます。

第4巻 地形が育む農業〈景観の誕生〉 片山秀策（農水省農林水産技術会議）

あとがき

日本列島は南北に連なった長い島じまで、亜寒帯から亜熱帯までちがった気候の地域があります。その地域には、山があり川が流れ、湖や平野などのさまざまな地形があります。みなさんが毎日なにげなく見ている、風景の中にもいろいろな地形をみつけることができるはずです。

むかしの物語の中にも、地形と農業のつながりをみることができます。みなさんも「桃太郎」というお話を知っていると思います。その中で、おじいさんが「山へ柴刈りに」というところがあります。子どものころのわたしは、この山に柴刈りにいくということに地形との関係がかくされているのです。絵本を見て柴というのは、囲炉裏や竈で燃やすまきをとりにいったのだと思っていました。でもおとなになって、桃が採れるころの木というのは湿っているので、まきにはならないことがわかりました。そこでおじいさんは柴をなにに使ったのかということを調べました。すると、湿田での農業に出会ったのです。むかしの水田は、水のいつもあるところにつくられたので、深い泥の水田だったのです。それで、おじいさんは山から採ってきた柴を、ドロドロの水田に投げこんで、作業するときに足が泥の中に沈まないように足場に使い、その後、泥の中で柴は腐って肥料になったのです。ということは「桃太郎」は湿田で農業をしていた地域のお話だったのです。

この絵本では、日本列島のいろいろな地域で営まれている農業が、その土地の地形と大きな関わりをもっていることを伝えたかったのです。地形を利用することや、地形に手を加えて利用しやすくすることは、それほど簡単なことではなく、人びとが知恵を出しあって、地域の自然環境と組みあわせることで技術を創りだしてきたのです。

また、長い年月をかけて人びとが農業をしながら豊かで美しい農村風景をつくり上げてきただけでなく、その風景を守ってきていることもわすれないでほしいのです。

第5巻 生き物たちの楽園《田畑の生物》 守山 弘（農業環境技術研究所）

あとがき

 日本の農村にはたくさんの生きものがすんでいます。農村は人がつくった環境なのにどうしてたくさんの生きものがくらしているのか、その理由をみなさんに伝えるため、わたしはこの絵本を書きました。

 農村に生きものが豊富な理由は第一は、農村の自然は、農家やそれを囲む屋敷林、鎮守の森、田や畑、田のわきを流れる水路、ため池、雑木林、アカマツの林など、さまざまな環境が組み合わさってできあがった自然であって、それぞれの環境は農業を行なう上で、たがいに関係しあっているということです。たとえば雑木林などは田んぼの水源を守るとどうじに、落葉を肥料として供給する場でもあります。このように農村の自然は人びとが農業を営むなかでつくりあげてきた自然なのです。それぞれの環境には、その環境をすみかとする生きものが生活しています。人びとがつくりあげてきたさまざまな環境によって、農村の生きものは豊かになっているのです。

 第二の理由は、農村にすむ生きものは、氷河時代に大陸から日本にやってきた生きもの、氷河時代に南の方に分布を広げた生きもの、氷河時代が終わって海が広がった時代にすみついた生きものなどさまざまな歴史をもつ生きものがうまくすみわけをし、種類を豊富にしているということです。さらにこれらの生きものの歴史は農業の歴史と深いかかわりをもっていて、農業の歴史もまた農村の生きものを豊富にしてきたということです。

 これらの生きものはたがいに食べたり食べられたりすることで関係しあっています。この関係

第6巻 生きものとつくるハーモニー 1 〈作物〉 大澤勝次（北海道大学）

あとがき

 農業が始まったころの、わたしたちの祖先の人びとの暮らしを想像しながら、「生きものとつくるハーモニー」という素敵なテーマの本を執筆するのは楽しいことでした。人はだれでも、食べることを通して作物の恩恵に浴し、日々暮らしているのですが、なかなかそのことを自覚することは少ないようです。食糧が身近にあることは空気とおなじように、あたりまえと思われているからかもしれません。でも、この本を手にした君たちはちがいます。イネやコムギ、トウモロコシやトマトの例にみたように、野生の植物から長い時間をかけて改良された、作物の本当の姿に接したのですから。これまでなにげなく食べていたごはんやパンやたくさんの食べものたちが、

を食物連鎖といいます。生きものの種類が少なくなってこの関係がくずれたりすると、大発生して農業などに被害をあたえる生きものがでることがあります。このことが農村の生きものの豊富さを守らなければならない理由のひとつです。
 わたしがこの絵本でもっとも伝えたかったことは、いまの農村が失いつつある生きものの豊富さをわたしたちはどのようにして回復し、維持していったらよいか、その方法をみんなでさがしていこうということです。この点について、わたしはいくつかの方法を提案しましたが、このほかにもたくさん考えられます。生きものとの新しい共存の道をつくるために、みんなでよりよい方法を考え、実践していこうではありませんか。

いまではいとおしく、大切なものと感じていることでしょう。

わたしの小さいころ、休みといえばいつも、親戚の農家に行って草取りや麦踏みを遊び半分に手伝い、野菜をいっぱいもらって帰ったものです。そんなわたしが、農業に強い関心を抱くことになったのは、小学5年生のときに読んだ、宮沢賢治の童話や詩の透明感のある世界と、6年生の教科書で見た「少年よ、大志を抱け」と学生たちに呼びかけた、札幌農学校のウイリアム・クラーク博士の話でした。

願わくば、この本を手にした君たちに、「農業」と「作物の改良」に関わる仕事の、わくわくする楽しさや凄さが少しでも伝えられたなら、著者としてこんなうれしいことはありません。

21世紀は始まったばかりです。20世紀の一部を担ってきたわたしたちの世代に代わって、これからの日本や地球の未来は君たちの世代が担うことになります。進歩や発展に主たる価値を置いてきた20世紀の反省から、地球環境の永続性と循環に配慮した「ハーモニー中心」の21世紀に価値観が変わりつつあるのは大変うれしいことです。いま、わたしは母校にもどって教壇に立ち、農業への夢と希望を持った、21世紀を担う学生たちの教育に情熱を傾けていますが、膨大な生きものの一員として、ほかの生きものの声に耳を澄まし、謙虚にその声を聞くことができる若者を、一人でも多く育てたいと願っています。

最後に、この絵本をつくるにあたりたくさんの人びとのご協力をいただきました。貴重な写真や資料を快くお貸しいただいた皆様に心から感謝します。ありがとうございました。

第7巻 生きものとつくるハーモニー 2 〈家畜〉 古川良平（草地試験場）

あとがき

 わたしが育った時代は、まだ、戦後の飢えが尾を引いており、新潟平野の田んぼでは人とウシが一体となって汗を流しながら農作業を続けていました。しかし、戦後50年が過ぎたいま、日本社会は空前の「飽食の時代」を迎えています。カロリーベースでみた食料自給率は40パーセントを切るところまで低下し、先進諸国の中では最低のレベルとなっています。いってみれば、わたしたちは国内にある農地の2倍近い面積を海外に借地して、農畜産物の供給を受けていることになるわけで、飢えに苦しむ多くの国々から鋭く指弾されかねない状況にあるのです。
 さて、このように多量に流れこむ海外からの農畜産物の最後はどうなっているのでしょう？ 最終的にはふん尿の形で日本の国土に還元されることになるのですが、日本の農地の2倍の広さから受け入れた肥料分は国内の農地だけでは当然支えきれず、過剰なものは雨に流され、川を汚し、海を富栄養化して赤潮を引き起こすなど、自然破壊に結びつく結果となるのです。
 しかし、わたしにとって残念なことは、この食料自給率低下の裏側に、家畜の餌も加担していることです。すなわち、それまで国土資源の活用で成り立っていた畜産が効率化を追い求めた結果、工業生産とおなじように規模拡大へと進み、家畜を畜舎に囲い、簡単に手に入る輸入飼料に依存する加工型畜産へと変貌してきたのです。しかし、これは家畜たちに責任があるわけではありません。家畜たちはただわたしたちの都合で、その時その時生き方を変えさせられてきただけなのです。

第8巻 生きものと人間をつなぐ〈農具と知恵〉 髙木清継（中国農業試験場）

この本は人に寄り添って生きてきた心優しい家畜や家禽からみなさんへ宛てた心のメッセージです。わたしたちは外見の豊かさの中で国土資源を粗末にし、畜産物をむだにしていないでしょうか？　海外からの畜産物が豊かに出まわる中で、かつて、わたしたちの身近にいた家畜や家禽の姿が目の前から消え、出会いの機会も失われつつあるのです。ぜひ思いだしてください、畜産物は家畜や家禽の命の証なのです。そして、食を通してみなさんの命を支えていることを。また、時には心さえも支えていることを。

あとがき

この絵本シリーズは「自然の中の人間」をテーマに、これまで多くの自然や生きものをあつかってきましたが、今回の話題は「農具」です。「農具」とりわけ「農業機械」といえば、自然とは反対側の世界のものと思われていたかもしれません。でもわたしは、農業に関わる道具や機械は、工業のそれらとちがって、自然や生きものの一部としてあつかっていいのではないかと考えています。この本ではそのことを見ていただくために努力したつもりです。

わたしは農家で生まれ、小さいころから農業に親しんできました。実り多い秋を迎えるために土にも、作物にも、牛にも喜んでもらうように農具は使うものだという感覚が知らないうちに身についたと思います。農家は、土や作物や家畜とおなじように、農具を大切にあつかいます。一日の作業が終わると感謝をこめてワラなどできれいに洗い、元の場所にきちんともどすことを忘

れせん。このようなわが国の風土は大切に残したいものです。

わが国の農業は、欧米なみの食糧自給率を実現するよう強く求められています。でも、国土のせまい日本では、アメリカのように大規模で高能率な農業を行なうことは不可能で、安い農作物をつくり、食糧自給率を早急に高めることは大変困難な状況にあります。

環境に配慮しながら農産物一個一個をていねいに育て、それに安全で良質な成分を山盛りつめこんで食卓に届ける。このような農業を農家だけでなく、国民全体が力をあわせて自分たちの農業としてつくり上げていくことが、これから考えなければならない方向だと思います。こんな農業が大きく育っていくために、人や自然とともに歩む「かしこい農具」、「成長する農具」、「感じる農具」がもっともっと多く生まれることを夢見ています。

最後に、この本をつくるために多くの方々から情報や写真や絵の素材を提供していただきました。ここに記して、心からお礼申し上げます。

第9巻　農業のおくりもの　〈広がる利用〉　齋尾恭子（東京都立食品技術センター）

あとがき

人は有史前から自然の産物を利用し、より必要なものを、より効率的に、農業という手段でつくり始めました。長い歴史の変遷にともない、農業から生産されるものの利用のかたちは、そのままあるいは簡単な加工から、しだいに高度なかたちをとるようになりました。そしてそれらは、人の住む風土やくらしに密接に関わる文化であると思います。今回の絵本シリーズの

多くが農産物をつくる側に立って書かれているのに対して、この本は利用する側から見ようとするものです。

むかし、農林水産技術会議事務局研究開発官を務めていましたおりに、バイオルネッサンスというプロジェクトを立ち上げました。その中心となるコンセプトは、ある地域農業で生産されたものが、いかにその地域工業の手を経て、地域固有の製品となり消費される道筋を創造するかということでした。その中で農業生産物のもつ自然に順応した価値を見直し、工業生産物が消費拡大のために為した努力を、農業生産者と工業者と消費者との共同の中でつくり上げることでした。しかし、これはたんなる伝統的産物や利用加工法に回帰するということではなく、長い人の歴史が、人の知恵の積み重ねで革新を遂げてきたことへの見直しなのです。Agro-Processing (Agro-Industry) Complex の創造とでもいいましょうか。

しかしながら、できた本を通覧しますと、少し欲張りすぎて、その意図がじゅうぶんに読者の方に理解していただけるようには思いません。せめても農産物が、人の歴史の中で、さまざまな土地で、さまざまに加工利用されること、そして、それは現在も進行形であることを理解いただければ幸せです。

最後に、この絵本の製作をご推薦いただき、また、ご指導を賜りました西尾敏彦氏に厚く感謝申し上げます。さらに、編集にご協力いただきました方々や情報・写真・資料をご提供いただきました方々にも、心より御礼申し上げます。

第10巻 日本列島の自然のなかで〈環境との調和〉 陽 捷行（農業環境技術研究所）

あとがき

この本をよんでくださったみなさんは、わたしたちが生きていくために、〈環境と調和した農業〉を営むことがいかに大切か、わかっていただけたと思います。

現在、わたしたちが営んでいる農業と環境との間にはふたつの問題があります。ひとつは、農業の側が環境におよぼす影響についてです。たとえば、家畜がふえるとメタンガスの発生量がふえて地球が温暖化する、またチッソ肥料を大量にまくと地下水が硝酸態チッソによって汚染される、といったように農業が営まれることによって環境が悪化する問題です。

ふたつめは、環境の側が農業にあたえる影響についてです。たとえば、地球の温暖化がすすむと、南方にいた害虫が北方に移動して農業生産力をさまたげるとか、酸性雨によって農産物が汚染される、などといった問題がそれです。

このふたつの問題に直面している農業を目のあたりにしながら、わたしたちはただ手をこまねいてみていてよいのでしょうか。この際もう一度〈環境に調和した農業〉の大切さを思い起こし、農業のもつ環境保全機能を強めることが、わたしたちに課せられた課題です。この地球上で人類が生きていくためには、自然の生態システム（自然と生きものたちのハーモニー）が提供するさまざまな環境保全機能をいかし、これと共生する道を見いださなければなりません。わたしたちは、「地球生命圏ガイア」と共生しながら農業を営まなければならないのです。

かつてわたしたちの祖先は、農業を営みながら、じつにみごとに自然の生態システムと共生し

193

農業技術を創った人たち

西尾敏彦著

家の光協会　1998年　1890円　(301ページ　B6判)　ISBN: 9784259517472 (4259517473)

てきたものです。「古きをたずねて新しきを知る」という言葉があります。21世紀のわたしたちは祖先の知恵をもう一度ふりかえり、そのなかから新しい時代に適応できるものを再発見しなければなりません。

地球上のすべての生きものも人類も、ひとつしかない「地球生命圏ガイア」という船に乗っています。都会にすむ人も、農業に従事している人も、船に乗り合わせていることには変わりはありません。60億を越える世界人口をかかえて、この船の喫水線はぎりぎりのところまで沈んでしまっています。ガイアの負担を軽くする時間は、もはや少ししか残されていません。いまこそ若いみなさん自身が《環境に調和する農業》について、真剣に考えるときではないでしょうか。

この本は、平成6年4月から10年3月までの4年間、『農業共済新聞』に書き続けられた『日本の「農」を拓いた先人たち』を骨子にして書かれたものである。著者は、昭和31年に農林省に入省し、四国農業試験場、九州農業試験場、熱帯農業研究センターなどで水稲・テンサイなどの研究に従

事した経験があり、その後、農林水産技術会議事務局で振興課長、首席研究管理官、局長など研究管理を歴任した経験もある幅の広い元研究者である。

生物と地球は相互に強く影響を与えて進化してきた。これを「共進化」と呼んでいる。46億年の地球の歴史は、表層の地球環境変化と生命史の事件が密接に関連することを教えている。著者はこの現象を農業にも見いだしたうえに、人の問題に焦点を当てている。

農業の歴史をたどってみると、時代の流れにかかわらずその節目節目で技術がいかに大きな役割を果たしてきたかがわかる。時代と技術は共進化しているのである。だが、その技術を創ったのは人である。それにもかかわらず、その技術を創った人は意外に知られていない。著者が執筆を思いたったのは、技術を創った人たちの「顔」と「想い」を多くの人に紹介したかったからである。

この書には、われわれが耳にし、目にしたことのあるキーワードがゴマンとある。いわく、塩水選・稲人工交配・藤坂5号、コシヒカリ・きらら・直播・保温折衷苗代・V字理論・ノーリン10・沖縄100号・二十世紀・ふじ・巨峰・サクランボ佐藤錦・ハクラン・ウリミバエ・自脱型コンバイン・愛知用水・蚕のハイブリッド・雌雄鑑別技術・人工授精技術などなど。

果樹・野菜・花き、農業機械・施設、畜産・養蚕にわけられ、ひとつひとつが短くて読みやすい。

著者の農水省での生活が長かったからか、親切からか定かでないが、内容は水稲、畑作物・茶、

農業環境技術研究所と関連がきわめて深い話を、ふたつ紹介する。第1話 科学農法の第1

195

号、塩水選を開発─横井時敬。横井時敬の揮毫によるすばらしい毛筆の掛字が、農業環境技術研究所の理事長室にある。このことは、『情報─農業と環境 No. 20』（農業環境技術研究所ホームページ http://www.niaes.affrc.go.jp）で紹介した。第7話 直播にかけた執念、反骨の農学者─吉岡金市。吉岡金市の研究の情熱は公害問題や環境問題にまで及んでいる。昭和30年代には各地のダムをまわり、冷水害などによるダム災害の調査を行っている。昭和42年に金沢経済大学の学長になると、神通川水系のカドミウム公害を追求し、イタイイタイ病の研究にも従事している。

環境科学の歴史 1　科学史ライブラリー

ピーター・J・ボウラー著　小川眞里子・財部香枝・桑原康子訳

朝倉書店　2002年　5040円（240ページ　A5判）　ISBN: 9784254105759 (4254105754)

これまで、環境科学の歴史に関する本をいくつか紹介してきた。たとえば、『環境の哲学』（73ページ参照）、『環境と文明の世界史』（98ページ参照）、『水俣病の科学』（125ページ参照）、『環境学の技法』（149ページ参照）などがそれである。しかし、これらはいずれも日本人が書いたものであった。

ここに紹介する本は、イギリスの北アイルランドにあるクイーンズ大学の進化論史が専門の教授が書いたものの翻訳である。現在、ドイツ語とフィンランド語の翻訳が出ている。日本語への

訳者は、比較文学、人間情報学および社会科学を学んだ人たちである。著者の私見によれば、この本は「環境科学」の包括的な歴史を扱った最初の本であるらしい。

「序」にあるように、この本のねらいは、われわれの思考・行動様式に影響を与える諸科学の発達を、現代の歴史家がいかに理解しようとしたかを示すことにある。実のところ環境科学というと、環境問題のほうに思いが走り、温暖化、酸性雨、オゾン層破壊などを連想しがちである。しかしこの本は、「序」にあるように紛れもなく私たちの環境の歴史を描き出そうとした作品である。海や山や川などといった地理的環境の成り立ち、そこに生息する動植物のすべてが私たちの環境そのものであり、それらの成り立ちの歴史こそが環境の歴史なのである。この本の特色は、環境科学の歴史そのものではなく、その歴史観の歴史を描きだしたところにある。

したがって内容は、古代と中世、ルネサンスと革命、地球、自然と啓蒙、英雄、哲学的博物者、進化、地球科学、ダーウィニズム、生態学と環境主義など内容が多岐にわたり、読む者に幅広い認識をもつことを要求する。筆者は、最初の「認識の問題」を読んだだけで疲れてしまった。ここに紹介して読者にその続きをお任せする。

講座 文明と環境 第1巻 地球と文明の周期

小泉 格・安田喜憲編

朝倉書店 1995年 5460円（270ページ A5判）ISBN: 9784254105513 (4254105517)

講座『文明と環境』は、全15巻からなる。本書はその第1巻である。この「地球と文明の周期」のあと、『地球と文明の画期』『農耕と文明』『都市と文明』『文明の危機』『歴史と気候』『人口・疫病・災害』『動物と文明』『森と文明』『海と文明』『環境危機と現代文明』『文化遺産の保存と環境』『宗教と文明』『環境倫理と環境教育』『新たな文明の創造』と続く。この講座のもとは、文部省の重点領域研究「地球環境の変動と文明の盛衰」（略称「文明と環境」領域代表者 伊東俊太郎）である。本書は、研究が終わったあと、梅原 猛・伊東俊太郎・安田喜憲の3氏によって編集されたものである。各巻の表題からもわかるように、この講座は自然科学と人文・社会科学の学際的研究の成果である。

ここ20年間の科学の成果は、われわれに地球を俯瞰する視点で捉えることを教えてくれた。そして、文明は人間の叡智の産物であり、歴史は人間がつくるもので、人間の歴史はバラ色の未来に向かって一直線に発展し続けるという発展史観に見直しを迫っている。

太陽活動や火山・地震活動さらには海洋環境や気候変動、それらの影響を受けた生物相の変遷には周期性が存在することが明らかになってきた。そして、それらは個々バラバラではなく、相互に

198

農学基礎セミナー　環境と農業

西尾道徳・守山　弘・松本重男編著

農山漁村文化協会　2003年　1699円（190ページ　B5判）　ISBN: 9784540022715 (4540022717)

有機的に深く関連しながらひとつのシステムとして周期的に変動しているのである。

この書では、これらのことが「宇宙の周期性」、「深海底に記録された周期性」、「火山・地震活動・風成塵の周期性」、「湖沼に記録された周期性」、「同位体に記録された周期性」、「文明興亡の周期性」に分けて証明される。

「文明興亡の周期性」の「15　地球のリズムと文明の周期性」では、気候脈動説が展開される。すなわち、気候が脈動的に変化することによって、文明の盛衰や歴史にも脈動的な変動が現れるという説である。文明の盛衰には700〜800年の周期があり、その背景には気候変動などの自然・宇宙の周期的変動が深くかかわっていると指摘する。ここには、文科と理科との止揚がある。

この本の題名は『環境と農業』である。農業環境技術研究所のホームページは『情報—農業と環境』である。いずれのタイトルも、われわれの食料を生産する農の営みが、環境と切り離しては存在できないことを主張している。

199

現在、わたしたちが営んでいる農業と環境の間には、大きく分けて3つの関係がある。ひとつは、農業の活動が環境に及ぼす影響である。たとえば、家畜の頭数が増えるとメタンガスの発生量がふえて地球が温暖化する。また窒素肥料を大量にまくと、地下水が硝酸態チッソによって汚染される。このように農業が営まれることによって環境に悪い影響を及ぼす問題である。

ふたつめは、環境の変化が農業に与える影響である。たとえば、地球の温暖化が進めば南の方にいた害虫が北の方に移動して農業生産を妨げるとか、酸性雨によって農産物が被害を受ける、などといった問題がそれである。

最後は、農業を営みながら環境を保全することである。このことは、農業がもつ多面的機能という言葉で表現されている。水田を考えてみよう。水田には生物多様性を維持する機能や、土壌浸食や土砂崩壊を防止する機能がある。また水を涵養する機能があって、下流の洪水を防止する機能がある。これらの機能を農業活動によってさらに発揮させることが重要である。

この本は、これらの農業と環境のかかわりが詳しく書かれている。もともと農業高校の教科書として書かれたものであるが、農林業を軸にして、日常の生活の場から地球規模にいたる様ざまな環境について解説した優れた本である。環境と共存できる農林業のあり方を考え、具体的な実践へとつなげていくことに役立つきわめて有用な本である。

この種の教科書は、これまであまり農業と環境のかかわりを取り上げてこなかった。編著者の西尾道徳氏と守山　弘氏のおふたりは、農業環境技術研究所の先輩である。農業と環境の問題を深く考察してこられた人がなしうる教科書とも言える。

講座 文明と環境 第2巻 地球と文明の画期

伊東俊太郎・安田喜憲・梅原 猛編

朝倉書店 1996年 5040円（216ページ A5判） ISBN:9784254105520 (4254105525)

この講座の第1巻は、すでに紹介した（198ページ参照）。ここではつづいて、第2巻『地球と文明の画期』を紹介する。この講座は文明と環境とのかかわりについて、さまざまな局面から考察し、環境問題と文明のあり方を反省し、ひいては地球と人類の未来に対して、あり得べき指針を示そうとするシリーズである。

人類が当面しているこのような現代的な課題に立ち向かうには、まず過去において文明と環境が、いかなる関係にあったかが見定められなければならない。すでに紹介したように、第1巻と第2巻はこの総体的考察に向けられている。すでに紹介した『地球環境と文明の周期』は地球環境と文明の周期性をテーマとしたものである。これに対して、第2巻は地球環境と文明の「画期」を主題にしている。

総論Ⅰでは、文明の画期すなわち人類革命、農業革命、都市革命、精神革命、科学革命および環境革命のそれぞれが、どのような地球環境の変動と連関しているかが概観される。ついで総論Ⅱでは、詳しい実証的データに基づき、これらの革命が綿密に検討される。

第Ⅰ部は「地球環境の画期」の主題が、地球史全体と氷河時代とに分けてとり上げられる。第

Ⅱ部は、各文明圏ごとに、その文明の興亡と画期が現時点の歴史学的・考古学的成果に基づいて論じられる。第Ⅲ部は、地球と文明の画期が文明論、考古学および人口論の立場から述べられる。

そもそも「地球と文明の画期」というテーマは、新しい研究領域である。とくに人類文明の誕生・展開・衰亡を地球環境の変動との関係において考察するという試みは、まだ十分なされていない。従来の歴史学や考古学においても、事実の確定や記述にとどまっているにすぎない。この本は、このように過去において研究されていない分野の問題を取り上げた画期的なものである。

世界の森林破壊を追う——緑と人の歴史と未来 朝日選書

石 弘之著

朝日新聞社 2003年 1260円（268ページ B6判）ISBN:9784022598257（4022598255）

この著作で、石 弘之氏が書いた本を紹介するのはこれで3冊目である。すでに紹介したように、これまで125カ国を訪れた著者が、今回は問題を森林破壊に絞って中国、インド、マレーシア、ケニア、アメリカ、ブラジル、オーストラリア、ロシア、ドイツ、イギリスおよびスイスを追う。

地球の歴史46億年を1年にたとえ、10月末にオゾン層が一部生成され、11月初旬に現在の酸素21％が確立され、11月中旬に土壌の原型ができたとする表現は、この本を紹介している筆者のよくするところである。これとは違い、石氏は、宇宙から見える地球を超低速カメラの撮影にたとえて森林の破壊を解説する。過去1万5千年のできごとが、15分間の早送りの映像に収められる。1000年を1分間に縮めた勘定になる。

映像の最初のシーンは、最終氷期が終わって地球が温暖化に向かう時期である。2分も経過しないうちに、再び地球が急激に冷え込んでくるが、そのうち人間は野生のムギを選んで、栽培するすべを身につける。農業のはじまりである。5分も経過すると、高緯度地帯から氷や雪が消えて、森林に置き換わる。地表の6割近くは緑に塗りつぶされる。10分が過ぎたあたりから、あちこちで森林を焼く火や煙が立ち上り、地表に緑を失った大地の肌が現れる。14分が過ぎるころ、つまり1000年ほど前から、地肌はじわじわと広がる。

フィルムの終わる12秒前、産業革命以後の200年、ヨーロッパや中国で地肌が拡大する。6秒前、アメリカ北部の森林がまったく姿を消す。最後の3秒の1950年以降、日本では都市が広がり、高山帯まで林道や観光道路が延びる。そして、最後の2秒で残された森林は各地でかき消えていく。

地球はこの1万年の間に自然林の半分を失った。アジア太平洋では9割、ヨーロッパでは6割、南北アメリカ大陸では4割の自然林が破壊されたという。これらの具体例が、11カ国にわたって克明に紹介される。現場を歩き続けた人の報告故に、その説得力はすさまじい。この種の本は、往々

ダイオキシン――神話の終焉 シリーズ地球と人間の環境を考える 02

渡辺 正・林 俊郎著
日本評論社 2003年 1680円（211ページ B5判）
ISBN: 9784535048225 (4535048223)

この『地球と人間の環境を考える』シリーズの目的は、世の中で話題になるさまざまな環境問題を、きちっとした自然科学の目で解剖すること、社会を持続するための行動指針を提案すること、世の中の常識に疑問を投げかけることなどにある。この本は、その「ダイオキシン版」である。

著者も指摘しているが、最近人びとの関心が環境史に向けられている。この本を紹介している筆者も、ご多分に漏れず内外の環境史に関心が深くなった。こうした関心の高まりは、解決策が見つからないまま、さまざまな地球環境が悪化し続けているという閉塞感から、歴史に解答を求めはじめたためであろう。著者はそのことを十分ご存じで、本書において解決のためのヒントを探っている。

にして事実の引用に不親切さがつきものであるが、この本の各章の参考文献は見事である。この種の研究をしている人にも有益な文献である。

環境の科学は、数学や物理学に比べればはるかに若い。「環境」という語が一般に使われるようになったのは、30余年前である。発展途上の科学であるから、多くの環境問題にはいくつもの解釈がある。なにかひとつの発見があると話や解釈が変更される。そのような現状を認識せずに、ある時点で誰かが得た結果や解釈をそのままうのみにすると、誤った方向に進むこともある。そのうえ、貴重な時間、労力、財源および資源を浪費することにもつながる。

しかも、「環境学」あるいは「環境科学」と題する本すら希有である。本書にも、この種の題名がついた本はたった3冊しかない（『大気環境学』（48ページ）『環境学の技法』（149ページ）『環境科学の歴史1』（196ページ参照）。ことほど左様に若い学問であると同時に、知識体系の持続と統合が必要な学問なのである。

本書は、以上のような視点から構成されている。1章では「サリンの2倍！」といった表現の空しさを明らかにしている。2章では、ダイオキシンがどんなルートでどれほど生成され、環境にどのくらいあるのか、環境中の濃度はどう変わってきたのかが、追求される。3章では、ダイオキシン摂取量と、その危険性が検討される。

後半の4、5、6章は、日本のダイオキシン騒ぎはどうして起きたのか？　また、それは今後どのような波及効果を生むのか？　などが問われている。4章では、1999年に成立した「ダイオキシン類対策特別措置法」のもつ意味が考察される。この法の制定に向けて、どういう人や組織が動いたのかが5章で振り返られる。6章では、ダイオキシンに関するさまざまな説が検証される。

講座 文明と環境 第3巻 **農耕と文明**

梅原 猛・安田喜憲編集

朝倉書店 1995年 5040円（250ページ A5判 ISBN: 9784254105537 (4254105533)

　梅原 猛氏は、「総論 農耕と文明」で、「地球環境の破壊は農耕牧畜文明の成立とともに始まったといえるであろう」と書いている。では、文明とはなにか。人類が考えた文明史観のうちでもっとも有力なもののひとつに、イギリスの歴史家トインビーのそれがある。文明は発生・発展・衰退・滅亡の4つのサイクルをくりかえすものであると、彼は考えた。トインビーの文明史観では、地球環境破壊の問題はとらえられないし、これには生産という見地が欠けていると、梅原氏は指摘する。生産という概念を重視して人類の歴史を考えると、ふたつの大きな革命、すなわち農耕牧畜と稲作農業の発生がある。これらのうえに巨大な都市文明が成立した。すなわち、メソポタミア文明、エジプト文明、インド文明および中国文明のいわゆる四大文明である。

　農耕牧畜、すなわち小麦農業と牧畜という生産形態そのものが自然破壊をともなう。小麦農業は草原地帯に始まるが、必然的に無限拡大を要求する。拡大は人口増加をもたらし、人口増加はさらに拡大をよぶ。大量の水を必要としない小麦農業は、耕地を山へ山へと広げる。農耕牧畜文明は森を食いつぶし、かぎりなく耕地と牧草地を拡大する方向をたどらざるをえないと、梅原氏は解説

稲作農業は、7千年から5千年前に揚子江の下流域において多量の森を破壊した。しかし、稲作農業は農耕牧畜より自然破壊の度合は少ない。そのうえ、稲作農業は多量の水を必要とするので、これを維持していくには、森が不可欠である。森は水の貯蔵庫になり、川を通じて絶えず水を田に供給し続けると、梅原氏は指摘する。梅原氏の指摘をまたずとも、すでにわれわれ農業環境の研究者は、これまでも水田農業のもつ環境保全的機能を証明し、これをOECDに、あるいはASEAN諸国にも広めている。

このような総論につづいて、「地球が激動した晩氷期」、「人と動物の大移動」、「農耕の起源と展開」および「農耕文化の再検討」が解説される。

安田喜典氏の以下の「あとがき」は、「総論 農耕と文明」とあわせ読むと、なにか呪詛を掛けられたような感じがする。このようなことがないよう、われわれのもつ英知で物事の解決に最大の努力が必要であろう。「文明崩壊の原因はその文明を発展させた要因の中に内包されている。人類文明を発展させたのは農耕の開始であった。もし人類文明が崩壊するとするならば、その原因は人類文明を発展させた農耕の誕生期にすでに予言されているとみなすことができる」

する。

日本海学の新世紀3——循環する海と森

小泉 格編

飛鳥企画　角川書店発売　2003年　1365円（277ページ　A5判）　ISBN: 9784048210607 (4048210602)

「森は海の恋人」運動というものがある。これは平成元年、養殖業の畠山重篤氏が始めた。漁師が森に木を植える運動である。氏は、気仙沼湾の入り江のひとつの舞根湾で生食用のカキ養殖を営んでいる。南下する寒流の親潮と、北上する暖流の黒潮がぶつかり合う三陸沖。その太平洋へ北西から南東方向に突き出た唐桑半島（宮城県）の西岸の奥に舞根湾がある。この湾は山に囲まれ、湾の奥の水際まで樹木が茂っている。水深は湾口で25メートル、湾奥でも5メートルはある。このでの養殖の経験が、冒頭の言葉、「森は海の恋人」を生むきっかけになった。

カキの養殖には、森林がきわめて重要である。森林では、地面に積もった落ち葉や枯れ枝が土壌の微生物によって分解され、腐食が多量にある土層ができる。この土層では、水に溶ける腐植物質のフルボ酸という有機物が生成される。このフルボ酸は土層中で鉄を含む三、二酸化物や高分子有機物に吸着されて存在している。これらの成分は、雨とともに川から海へ運ばれ、植物プランクトンや海藻に吸収される。

元来、海は鉄分が少ない。一方、カキの餌になる植物プランクトンや海草は鉄分を必要としている。プランクトンや海藻が成長するためには、養分となる窒素（硝酸塩）、リン（リン酸塩）、

ケイ素(ケイ酸塩)を吸収する必要があるが、そのためには鉄分を体内に十分取り込む必要がある。ここに、海にとって森林が重要であることの理由がある。

この事実は、「循環する海と森」の一部の例を示したに過ぎない。この本では、哲学者の山折哲雄氏、文化人類学者の安田喜憲氏、森の専門家の稲本正氏、日本の美しい森を守ることに熱心なC・W・ニコル氏、国立公園協会理事長の瀬田信哉氏など、さまざまな分野の人びとが「循環する海と森」についての想いと現実を語っている。

この背景には、日本海学の提唱がある。そこには、生態系を生き物とみた考え方が感じられる。さらに、日本海学シンポジウム「環日本海文明〜森の文明パラダイム〜」の様子が掲載されている。参加者は、宇宙飛行士の毛利衛氏、NHK解説委員の小出五郎氏、作家の木崎さと子氏、日本ペンクラブ会員の平野秀樹氏、文化人類学者の安田喜憲氏、気象学者の安成哲三氏など多士済々の方々である。この本を眺めていると、「循環」の科学は、文明と、文化と、自然科学と、そのほかのなにかとを、すべて統合することによって成立するものであること痛切に感じる。

生命40億年全史

リチャード・フォーティ著　渡辺政隆訳

草思社　2003年　2520円（493ページ　B6判）ISBN: 9784794211897 (4794211899)

農業環境技術研究所のキャッチフレーズは、「風にきく　土にふれる　そして　はるかな時をおもい　環境をまもる」である。これには、環境研究は「時空を超えて」成さねばならぬという想いが含まれている。「時空を超えて」などと、簡単に言うことはできるけれども、時間と空間を超えて、ものを見たり考えたりすることは容易なことではない。

農林水産省農業環境技術研究所が独立行政法人に移行するときに出版した『17年の歩み』を書くのだって、容易なことではなかった。それなのに、この複雑きわまりない、そのうえ気の遠くなるような40億年の生命の歴史をどう書くつもりなのだろう。生命が誕生してから現在までの、それこそ時空を超えた歴史を、ひとつの物語として、それも科学的な知見をもとにるほどおもしろい本にするとは、人間業とは思われない。

歴史小説家の宮城谷昌光は、王と神の交信のために創られた漢字の虜になり、20年もかけてその由来を徹底的に研究し、中国の商（殷）王朝の時代や三国志の時代を小説で鮮やかに再現した。ここで紹介する本の著者のリチャード・フォーティも、長い間かけて古生物の研究に没頭していた。

エコ・エコノミー時代の地球を語る

レスター・ブラウン著　福岡克也監訳　北濃秋子訳

家の光協会　2003年　2625円（337ページ　A5判）

ISBN: 9784259546380 (4259546384)

彼は生まれついてからの自然史愛好家で、少年時代からアンモナイトの化石を発見したり、大英自然史博物館の三葉虫学者になるなどの決意をする。その後、希望通りの人生がまっており、大英自然史博物館古無脊椎動物部門の主任となる。

科学者の書いたこの本が、人びとに受け入れられるのは、その教養の広さと専門的知識の深さによるのは当たり前としても、生命の進化史を法則性と多様性を織り交ぜて示しているからであろう。そこには、科学的厳密さと物語的な豊かさが兼ね備わっている。

500ページに及ぶこの本は、北極の島スピッツベルゲンでの化石探しの話から始まり、文明が始まるところ、すなわち先史時代が歴史へと代わるところで終わる。粗末な石碑や尊大な記念碑が建立され、人間の非情な行為や、神になりかわる野望を語る記憶が登場する時代である。ここで終わる著者の気持ちのなかには、地球がなにかしらの変動をこうむって人間が滅びても、生命はなんとか対処して生き続けるであろうという想いが認められる。

この本の著者については『エコ・エコノミー』（135ページ参照）で紹介した。その中で、かつ

ワシントン・ポスト紙は氏を「世界で最も影響力のある思想家」と評したことがあると書いた。ことほど左様に、氏が世に問う書籍は世界を席巻する。この本もその例外ではない。

この本は、『エコ・エコノミー』に続き氏がアースポリシー研究所で発刊した第2作目の作品であり、3部からなる。第1部のタイトルは「生態学的な赤字がもたらす経済的コスト」と題して、われわれは今、大きな「戦争」を闘っていると解説する。この闘いとは、「拡大する砂漠」と「海面上昇」である。第2章では、中国において、生態学的な赤字がどのようにして砂漠化につながったかが論じられる。第2章では、生態学的な赤字が食料供給にもたらす悪影響について取り上げ、土壌と水の不足が気候をかく乱すること、炭素排出を減少させることの必要性、環境的持続可能性の達成のための市場改革が論じられる。

第2部は「見逃せない世界の動向」と題して、「エコ・エコノミー」の構築に向けて、その進展状況を図る尺度として12の指標を選び、これらを解説する。その指標とは、世界人口、世界経済、穀物生産量、海洋漁獲量と水産養殖量、森林面積、水の需給状況、炭素排出量、地表平均気温、氷河と氷床、風力発電、自転車生産台数および太陽電池出荷量である。

第3部では、20項目の「エコ・エコノミー最新情報」が掲載されている。それらは、「エネルギーと気候」、「人口と保健衛生」、「食料生産と土地と水資源」、「漁業、林業における生物多様性の喪失」および「エコ・エコノミーに向けて」に整理されている。

ワールドウォッチ研究所 地球白書 2003/04
クリストファー・フレイヴィン編著 エコ・フォーラム21世紀日本語版監修
地球環境財団・環境文化創造研究所日本語版編集協力

家の光協会 2003年 2730円 (402ページ A5判) ISBN: 9784259546298 (4259546295)

編著者が、レスター・ブラウンからクリストファー・フレイヴィンにかわってから2冊目の『地球白書』である。問題の取り上げ方や内容の趣が、これまでの『地球白書』とは少し変わってきた。社会の変動がそうしたのか、編著者の個性がそうしたのか、あるいは両方の影響が現れたのかは、今後この『地球白書』が解答を与えてくれるであろう。

例えば、新たに加わった「環境界の1年間の主要動向」では、類型化された概念の中で環境の問題点が時系列で摘出され、きわめて読みやすい。第1章「石器革命から環境革命へ、人類の進化を果たす」では、環境問題にかかわる現代人の苦悩と石器人の苦悩を重ねる。石器人も現代人も、技術的進歩を通して文化的な改革を引き起こそうとしているとみる。著者はまた、石器時代のイノベーションの創始者が行ったように、私たちの遠い子孫も、環境問題の解決によい案を提供するだろうと考えている。

第2章の「自然と人間とを結び付ける鳥類を守る」では、鳥の安全を守り、絶滅を避けることが人類を守ることにつながることを具体的な例で証明する。環境の学問が、関係と関係の学問で

新・生物多様性国家戦略 ――自然の保全と再生のための基本計画

環境省編

ぎょうせい　2002年　1800円（315ページ　B5判）　ISBN: 9784324069028 (4324069026)

「新国家戦略」は、「生物多様性条約」および前回の国家戦略の第2次環境基本計画を受けて策あることをさまざまな例で解説する。

第8章の「大きなチャレンジ――宗教界と環境団体との協働」は、とくに印象的である。環境を守るには、宗教と科学の協力が必要である。「宗教性の欠如」と「科学性の欠如」といった、これまで両者が対立してきたものを、どう和解させるか。この章は、新たな世紀の新たな革新を予測させる。

第1章の「人類が直面する課題」は、よくまとまっているので、その項目を列記しておく。

世界の約12億の人々が1日1ドル以下で暮らす／耕地の不足以上に深刻な水不足／攪乱される地球化学循環／化学肥料と化石燃料の燃焼による攪乱／過剰なリンと固定窒素がもたらす富栄養化／環境に放出される有害化学物質／目に見えぬところで広がる化学的危害／生物が汚染物質の貯蔵所になっていく／貿易拡大のもたらす外来種の脅威／世界が直面する広範な生態学的衰退／世界の漁場で乱獲が続いている。

定されたものである。これは、生物多様性の保全が人間生存の基盤に必要であるとともに、豊かな生活・文化・精神の基であることを認識し、これを持続的に維持することを目的としたものである。

「新国家戦略」の対象は、陸域のみならず海域も対象に含んだ日本の国土全体である。また、一体として関連するかぎりにおいて、アジアの諸外国も分析の対象となる。「新国家戦略」は、狭義の生物多様性のみではなく、広義の生物多様性、すなわち自然環境とこれらに関する施策などの全般を論じたものとなっている。

生物多様性の危機の現状やそれらに対する国民意識の向上や成熟を踏まえて、「新国家戦略」が示している大きな柱は、(1) 種の絶滅、湿地の減少、移入種問題などへの対応としての「保全の強化」、(2) 保全に加えて失われた自然をより積極的に再生、修復していく「自然再生」の提案、(3) 里地里山など多義的な空間における「持続可能な利用」、の3つである。また、前回の国家戦略の目標を再整理するとともに、目標を達成するための道筋、方向性を明らかにし、実効性のある具体的施策が展開されるように、対応の基本方針を提示している。

「新国家戦略」は「第1部 生物多様性の現状と課題」、「第2部 生物多様性の保全及び持続可能な利用の理念と目標」、「第3部 生物多様性の保全及び持続可能な利用の基本方針」、「第4部 具体的施策の展開」、「第5部 国家戦略の効果的実施」から構成されている

環境負荷を予測する——モニタリングからモデリングへ

長谷川周一・波多野隆介・岡崎正規 編

博友社　2002年　3570円（299ページ）A5判　ISBN: 9784826801881 (4826801882)

広辞苑には「モニタリング」の項はない。「モニター」の項を引くと、「機械などが正常な状態に保たれるように監視する装置。また、調整技術者」とある。英和辞典の「monitoring」は、形容詞で「モニターの」の意味である。広辞苑の「モデリング」の項は、「模型制作。彫刻で、肉付けを施すこと。絵画では陰影による丸みの効果を調節すること。英和辞典の「modeling」は、「模型（塑像）制作。（絵画の）立体感表現（彫刻）の量感表現。モデルの仕事（をすること）」とある。

このように、モニタリングとモデリングがそう簡単な言葉でないためか、編集代表者は、次のような「序」を書いている。「モニタリングとはいろいろな使われ方をするが、本書では、自然の中の物質の濃度や移動を継続的に測定することを意味している。一方、モデリングとはある現象を支配する要因をモニタリングし、その結果とモデルを用いて現象の予測を行うことを意味している」

さらに、「モニタリングで最も良く知られているのは気象情報であり、天気予報や気象災害予報に使われている。また、河川の水位のモニタリングは利水や洪水に対する人の安全を意図している。

216

いずれもモニタリングデータをモデルに入れ、予報、予測を行っている」と、言及している。

われわれは、環境が変動していることに気づいてから、いたるところで環境モニタリングを開始してきた。モニタリングそれ自体は監視であるから、これにより汚染などの実態が把握され、それが定量化されてきた。またモニタリングは、ある施策を実行したときに汚染状況が改善されるかどうかの実証試験として用いられてきた。一方では、地球環境の保全という視点からのモニタリングも行われてきた。

このような中で、日本土壌肥料学会では1999年から3年間にわたり、モニタリングとモデリングに関するシンポジウムが開催されてきた。施肥や畜産による地下水を含めた水系の硝酸汚染が行政的にも重要な課題であったため、多くの研究者がこのシンポジウムに大きな関心を示した。

本書は、シンポジウムでの講演に、土壌、環境分野におけるモニタリング、モデリング研究をいくつか追加し、これまでわが国で行われてきたモニタリング・モデリングを多角的な角度から取り上げ、現在の到達点をまとめたものである。

なお、筆頭筆者の長谷川周一氏は、農業環境技術研究所の先輩である。

土壌の神秘——ガイアを癒す人びと

ピーター・トムプキンズ　クリストファー・バード著　新井昭廣訳

春秋社　1998年　6300円（687ページ　B6判　ISBN: 9784393741221 (4393741226)

著者のひとりのピーター・トムプキンズは、イギリス、フランス、イタリア、スイスで教育を受け、ハーバード、コロンビア、ソルボンヌ大学で学び、卒業後は新聞社や放送局で広く活躍した。クリストファー・バードは、ハーバード大学で生物学の学士号を取得後、東洋哲学、東洋史などを学ぶ。また、ハワイ大学で人類学を学び、ソビエト文化にも詳しい。訳者の新井昭廣は、京都大学で宗教学を学んでいる。

本書の目次を見れば全体の構成が想像できるが、ここでは、序論の概要を述べて本の紹介に代える。序論の冒頭に、1912年のノーベル医学賞受賞者であるアレキシス・カレルの著書『人間——この未知なるもの』の中の警告が引用されている。いわく、「土壌が人間生活全般の基礎なのであるから、私たちが近代的農業経済学のやり方によって崩壊させてきた土壌に再び調和をもたらす以外に、健康な世界がやってくる見込みはない。生き物はすべて土壌の肥沃度（地力）に応じて健康か不健康になる。すべての食物は、直接的であれ間接的であれ、土壌から生じてくるからである」

著者は、これらの内容を支援する医学的なデータを、ロヨラ大学の生化学・有機化学のメルキオーレ・デッカーズの調査やカリフォルニア大学医学部の免疫学のジョゼフ・ワイスマンの調査から抽出する。

そこで、19世紀の半ばから土壌に入り込む化学肥料・染料・農薬などの化学物質の例が列挙される。例えば、ユスタフ・フォン・リービッヒの化学肥料。ウイリアム・ヘンリー・パーキンの染料。フリードリッヒ・フォン・ケクレのベンゼン環をもつ化学物質。フリッツ・ハーバーとカール・ボッシュのアンモニア。極めつきは、パウル・ミュラーのDDT。その延長上に、クロルデン、ヘプタクロル、ディルドリン、アルドリン、エンドリンといったDDTと同様の塩化炭素系の殺虫剤と、パラチオンやマラチオンといった有機リン酸塩系の殺虫剤があった。

一方これに対して、化学薬品による土壌の汚染に対抗する考え方として、有機農業などの活動の例が示される。有機農業運動の創始者のアルバート・ハワード卿の「土壌と健康」。イーブ・バルフォア夫人の「生きている土壌」。有機農業に対する化学的支持を簡潔かつ荘重な言葉で語ったミズーリ大学土壌学科長のウイリアム・アルブレクト。レイチェル・カーソンの『沈黙の春』。イタリアの科学者でブリュッセル世界博覧会で化学賞を受賞したアメリゴ・モスカの調査結果など。

序論のおわりは、次のように締めくくられる。「ちょっとした努力で、腐敗と毒薬と汚染による破滅から地球を救うことが可能なのだ。エデンの園は永久に失われたわけではない。エデンの園をよみがえらせる秘密は、あなたがたの土壌の、地表からわずか数インチの深さのところに埋れているのである」

219

地球の水が危ない 岩波新書

高橋 裕著

2003年 735円（216ページ 新書） ISBN: 9784004308270 (4004308275)

8月1日は「水の日」である。この日から1週間を「水の週間」と呼ぶ。水の消費量が年間で最も多いこの月の初めに、水の貴重さを考え、節水の意識を高めてもらうという週間である。「国連水の日」もある。これは、3月22日である。1992年12月22日の第47回国連総会本会議で決議された。水資源の保全、開発やアジェンダ21の勧告の実施に関して普及啓発活動を行うことが提唱されている。

水については、農業環境技術研究所のホームページ (http://www.niaes.affrc.go.jp/) にある『情報—農業と環境』のNo.34とNo.38で、それぞれ「水不足と地下水汚染」と「この国の水問題」と題してすでにまとめた。この本を読まれるとき、『情報—農業と環境』も参照されると幸いである。

本書は、「序」「1章 地球環境と水の危機」、「2章 紛争の絶えない国際河川・国際湖」、「3章 世界の水問題と日本人」および「4章 アジアの水問題と日本」からなる。1章では、地球の水危機が量的にも質的にも、さらに地表水でも地下水でも起こっていることが解説される。2

環境保全型農業の課題と展望　大日本農会叢書4
―― 我が国農業の新たな展開に向けて

大日本農会編　熊澤喜久雄・中川昭一郎・西尾敏彦ほか著

大日本農会　2003年　1890円（490ページ　A6判）

大日本農会は、わが国がこれから環境と調和した持続的な農業を確立するためには、どのような対応をするべきかということを目的として、平成11年から環境保全型農業研究会を開催してきた。平成15年4月を最後に、その研究会は終了した。研究会は足掛け5年にわたり、21回の研究会と6回の現地調査に及んだ。本書は、これをとりまとめた大著である。

研究会が発足した社会的背景や、検討経過、総合討論および総論作成などが、本書の「はじめに」

章では、河川をめぐる国際紛争の実態とその背景、それぞれの立場からこの難問に取り組んでいる人びとの努力と苦悩が紹介される。つづいて3章では、日本人と水の歴史的な関わりが論じられる。4章では、水をめぐる国際的動向をふまえた上で、モンスーン・アジアにおける地球の水危機に占める重大さを考慮して、日本の歴史的使命が提言される。

で紹介される。

この研究会の目的は、(1) 環境保全型農業に期待される役割と国の施策、(2) 環境保全型農業の普及・推進、環境保全型農業によって生産された農産物の流通等に関する関係者の取組み、(3) 環境保全型農業のさらなる普及・定着のための方策等について検討する、ことにある。

研究会開催の背景と問題意識は大別して次のふたつにあった。第一は、農政の展開過程から見た環境保全問題である。平成4年6月に発表された農林水産省「新しい食料・農業・農村政策の方向」において環境保全に資する農業政策として、農政当局として初めて環境保全型農業が打ちだされ、それを受けて平成6年に全国環境保全型農業推進会議が結成されたこと。平成10年9月の「食料・農業・農村基本問題調査会」答申を受けた「食料・農業・農村基本法」(平成11年7月16日) において、食料、農業および農村の施策に関する基本的な理念として多面的機能の発揮、農業の持続的な発展がうたわれていること。さらに、それらに対応した環境保全型農業の今後の方向を探ること。

第二は、農業技術の展開過程から見た環境保全問題である。この研究会が事前に設置した「農業技術に関する研究会」の論議の中で、戦後の農業技術の反省点として、(1) 資源多消費型農業への偏り、(2) 環境問題への配慮の欠如が指摘されており、その報告を受け止めた大日本農会としての検討が必要と考えられたことであった。

このような当初の状況に加え、その後、循環型社会形成推進基本法の制定、地球温暖化防止京都議定書の締結等環境保全型農業に関係する新たな展開があり、それらをも視野に入れた総体的な検討が必要とされた。

研究会の委員は、次の方々である。

座長／熊澤喜久雄（東京大学名誉教授）
委員／中川昭一郎（東京農業大学 客員教授、元農林水産省農業土木試験場長）・西尾敏彦（日本特産農産物協会理事長、元農林水産省農業技術会議事務局長）・石原 邦（東京農業大学教授）・生源寺眞一（東京大学大学院教授）・鎌田啓二（中央畜産会常務理事）・木田滋樹（生物系特定産業技術研究推進機構理事、元農林水産省技術総括審議官）

　右記の問題意識に基づき、研究会委員による各専門分野の取組みについての説明が行われた。つづいて、環境保全型農業の生産現場の調査、それにより生産される農産物の流通・利用に関する関係業界などによる取組みについてのヒアリングが進められた。これらの成果については、大日本農会の会誌『農業』に逐次掲載されてきた。その一部は、大日本農会叢書3『持続可能な農業への道』（103ページ参照）に収録された。

　研究会はその後、これら生産現場および関係者の取組み状況の把握と、それらから浮かび上がってくる課題の抽出をさらに進めるとともに、研究発足以降における循環型社会形成推進基本法の制定、地球温暖化防止京都会議議定書の締結などの動きを踏まえ、環境保全型農業の今日的な課題に対応するための環境保全型農業のあり方、必要と考えられる対策などについて課題を探り、それら課題に対しての検討を重ねてきた。地球環境的視点からの検討、欧米の事例に関する検討などはその一部である。

　総論の取りまとめに際し、議論された幾つかの論点は以下の通りである。

ア 環境保全型農業の今日的役割とはなにか
1 欧米において環境保全型農業に対応する農業はなにか。
2 循環型社会の形成や地球温暖化等に対応する農業に、環境保全型農業にどのような関わりをもつか。
3 環境保全型農業に期待される新たな役割から見て、現状の普及水準をどのように評価するか。

イ 環境保全型農業の更なる展開を図るには、どのような手段が必要か。
1 環境保全型農業生産物の市場評価はどのようになっていると考えるか。
2 市場に委ねることで十分な展開が可能であるか。

ウ 環境保全型農業の技術指針はいかなるものであるべきか。
1 新たな役割に対応した環境保全型農業の目標と奨励される技術・手法を、地域において技術指針として示す必要があるのではないか。
2 技術指針に含めるべき事項はなにか。

エ 全国的な展開をバックアップする手法はなにか。
1 技術指針を踏まえて環境保全型農業を実施する場合に生ずる掛かりまし経費や損失を適切に補填する新たな手法がなければ、全国的な展開をさらに進めることは困難ではないか。
2 EUにおいて実施されている環境支払い（デカップリング）をどう考えるか。
3 日本版環境支払いを導入するとした場合、対象農家が遵守すべき事項はなにか。

オ 環境保全型農業政策は、農政のなかにどのように位置づけられることが望ましいと考えるか。

カ 海外で生産される有機農産物の輸入をどのように考えるか。

本書の構成は次の通りである。

1 上記「総論」およびそれを補完する各委員等による「各論」（Ⅱ）
2 農林水産省環境保全型農業対策室長による「環境保全型農業施策の経緯と現状」（Ⅲ）
3 欧米の農業環境政策、地球環境的視点からみた環境保全型農業の役割、環境保全型農業技術の開発状況等（Ⅳ）、
4 前回叢書『持続可能な農業への道』に収録された後の研究会の概要（Ⅴ）（Ⅳに含まれるものを除く）
5 エコファーマーの推移、環境保全型農業推進コンクール受賞者一覧、環境保全型農業関係統計等の関係資料

雑誌『生物の科学 遺伝』別冊17

地球温暖化——世界の動向から対策技術まで

大政謙次・原沢英夫・遺伝学普及会編

裳華房　2003年　2730円（180ページ　B5判）

　地球環境問題は、人類が直面している環境問題の中で解決が困難なもののひとつである。別の表現をすれば、この問題の解決は百年単位の革命ともいえる。現在の二酸化炭素の濃度380ppmを、産業革命前の280ppmにもどすには百年以上の歳月がかかるからである。「環境」を健全に維持するには、百年単位の計画を構想し、それを実施する革命の精神がいる。

　温暖化は、先進国や途上国の区別なく、世代を越えて、地域の違いもなく進行する。そのうえやっかいなことは、エネルギーを使うほとんどの人間活動が原因になっており、対策を施すには費用がかかり、経済に与える影響が少なくないことである。

　気候変動に関する政府間パネル（IPCC）による科学的知見の評価を踏まえ、国際的に合意された気候変動枠組条約（1992年）や京都議定書（1997年）を契機に、世界は一挙に温暖化防止対策に向かうと思われた。しかし、アメリカの京都議定書からの離脱や途上国の削減協力への拒否行動など、削減を具体的に実施する段階で、各国の足並みが乱れた。

　このような状況の中で、地球温暖化に関係するさまざまな問題をこの1冊で理解できるよう、

農業生態系における炭素と窒素の循環

農業環境研究叢書　第15号

独立行政法人農業環境技術研究所編

養賢堂　2004年　3990円（120ページ　A5判）　ISBN: 9784842503578 (4842503572)

本書は、農業環境技術研究所が1986年に刊行を始めた叢書の最新号である。農林水産省農業環境技術研究所が1983年に設立されてから、当所では、その時代に即応した農業と環境にかかわる問題をとりあげ、当所主催の農業環境シンポジウムで問題解決のための検討を行ってきた。その結果をまとめてきたのが農業環境研究叢書である。

それぞれの分野の最先端の34人の研究者によって執筆されたのが、この本である。「国際的な動き」、「温暖化のメカニズムとモデル予測」、「測定技術とモニタリング」、「温暖化の影響と対策」および「温暖化対策の技術」がその内容である。なお執筆者のひとりに農業環境技術研究所の職員が含まれている。

序

地球が誕生したのは、今から46億年前である。その後、広大無量の時が流れ、地殻圏、大気圏、水圏、生物圏、土壌圏などが分化した後、今から約1万年前に、生物圏から人間圏とでも称されるべき新しい物質圏が誕生した。炭素や窒素は、これらの圏の間をさまざまに形態変化しながら循環し、生態系の中でのバランスを保ってきた。

しかしながら、20世紀半ばからの化石燃料の大量消費、森林破壊、化学肥料のための大気窒素の固定、加えて人口の増加など人間圏の拡大と活発な活動は、圏の間の炭素および窒素のバランスを崩す結果になった。

人間圏の拡大と活動は、例えば大気中の二酸化炭素、メタン、亜酸化窒素など温室効果ガスの急激な濃度上昇に見られるような元素の変動をもたらした。その結果、温暖化に代表される地球規模での環境問題がいたるところで顕在化した。いまや地下水から成層圏に至る生命圏すべての領域が、地球環境変動の脅威にさらされている。

温暖化は、降水量の変化、異常気象の増加、農耕地域の変動、海水面の上昇など地球規模の環境変動を通して、農業生態系を構成する大気、土壌、水、生物などの環境資源の状態や機能、さらには資源間の相互作用にも大きな影響を及ぼし、増加しつつある世界の人口に食料を提供しなければならない命題に大きくかかわっている。

1992年にリオデジャネイロで開催された地球サミットでは、人類の持続的発展のためには地球環境の保全が重要課題との認識から、地球温暖化防止など一連の国際条約が作られた。その後、COP（締結国会議）やIPCC（気候変動に関する政府間パネル）などで温暖化防止のための

本書は、上記のような背景のもとに、2001年11月に農業環境技術研究所で開催した農業環境シンポジウム「農業活動と地球規模の炭素及び窒素の循環」の内容をもとにまとめたものである。ここでは、地球規模での循環を踏まえた農業生態系における炭素と窒素の実態、機構、動態、環境影響を明らかにし、その対策技術の開発に向けての課題と展望を探ろうとする。地球環境問題と炭素・窒素の循環とその制御を理解するうえで役立てていただければ幸いである。

最後にシンポジウムでの講演および本書の執筆と編集にご協力いただいた方々に感謝申し上げる。

2003年11月 （独）農業環境技術研究所 理事長 陽 捷行

プランB――エコ・エコノミーをめざして

レスター・ブラウン著 北城恪太郎監訳

ワールドウォッチジャパン 2004年 2625円（347ページ A5判） ISBN:9784948754164 (4948754161)

この本の著者については、『エコ・エコノミー』（135ページ参照）で紹介した。その中で、かつ

229

ワシントン・ポスト紙は氏を「世界で最も影響力のある思想家」と評したことがあると書いたほど、氏が世に問う書籍は世界を席巻する。この本もその例外ではない。

この本は、『エコ・エコノミー』と『エコ・エコノミー時代の地球を語る』（211ページ参照）に続き、氏がアースポリシー研究所で発刊した第3作目の作品である。

第1作目の『エコ・エコノミー』が執筆された背景には、次の3つのことがある。第一は、人類は地球を救うための戦略レベルでの闘いに敗れつつあるということ。第二は、私たちは環境的に持続可能な経済（エコ・エコノミー）のあり方について明確なビジョンをもつ必要があるということ。そして第三は、新しいタイプの研究機関（エコ・エコノミーのビジョンを提示するだけでなく、その実現に向けての進展状況の評価をたびたび行う機関）を創設する必要があるということ。

そして『エコ・エコノミー』では、環境へのさまざまなストレスとその相互作用が紹介された。これまで報告されてきた気候、水、暴風、森林、土壌、種の絶滅などの変動の現実が解説された。さらに、これらの環境変動の相乗作用が、予想を超える脅威をもっことが強調された。次に、環境の世紀の新しい経済として、人類が挑戦すべき「エコ・エコノミー」が解説された。つづいて、エコ・エコノミーへの移行のための、人口安定化、経済改革を実行する政策手段などが語られた。結局、『エコ・エコノミー』では、「環境は経済の一部ではなく、経済が環境の一部なのだ」と述べ、多くの経済学者や企業の経営計画に携わる人びとの認識に疑問を投げかけた。そして、この「経済は環境の一部である」という考えに従うならば、経済（部分）を生態系（全体）に調和するも

のにしなくてはならない、と書かれている。

第2作目の『エコ・エコノミー時代の地球を語る』は3部からなる。第1部のタイトルは「生態学的な赤字がもたらす経済的コスト」と題して、われわれは今、大きな「戦争」を闘っていると解説された。この闘いとは、「拡大する砂漠」と「海面上昇」などである。そこでは、中国において生態学的な赤字がどのようにして砂漠化につながったかが論じられた。また、生態学的な赤字が食料供給にもたらす悪影響について取り上げ、土壌と水の不足が気候をかく乱することを考えた。さらには、自然の炭素吸収能力を超える炭素排出が気候をかく乱すること、炭素排出を減少させることの必要性、環境的持続可能性の達成のための市場改革が論じられた。

第2部は「見逃せない世界の動向」と題して、「エコ・エコノミー」の構築に向けて、その進展状況を図る尺度として12の指標を選び、これらが解説された。その指標とは、世界人口、世界経済、穀物生産量、海洋漁獲量、森林面積、水の需給状況、炭素排出量、地表平均気温、氷河と氷床、風力発電、自転車生産台数および太陽電池出荷量であった。

第3部では、20項目の「エコ・エコノミー最新情報」が掲載された。それらは、「エネルギーと気候」、「人口と保健衛生」、「食料生産と土地と水資源」、「漁業、林業における生物多様性の喪失」および「エコ・エコノミーに向けて」に整理されていた。「エコ・エコノミーに向けて」では、現実に行われている例として、イリノイ州の消費者と産業界におけるグリーン電力の選択、ニューヨークのゴミ問題の解決法、各国の環境的経済的目標の達成に向けた税制改革の取り組みが紹介された。

231

さて、『プランB』である。本書では、経済の再構築についての議論が深められる。さらに、この作業が急を要する理由が説明される。昔の人びとは、地球の自然資源という資産から生じる利子で暮らしていた。しかし現在の私たちは、この資源そのものを消費して生活している。この自然の資源を崩壊・消耗する前に調整することが私たちの緊急課題なのであると解く。

第1部では次のことが解説される。この50年間に、世界人口は倍増し経済も7倍に拡大したが、それにつれて地球に対する人間の要求は限界を超すようになった。地球が継続して与えてくれる以上のものを求め、環境のバブル経済を作り上げた。

第2部ではそのことが詳解される。第3部では、解決策を即実行しなければバブル経済はいずれ破裂することが強調される。第4部ではターニングポイントと題して、そのような事態を避けるため、優先順位の早急な見直しと世界経済の再構築を掲げた新たな取り組みである「プランB」が提案される。

私たちが従来と同じ経済活動を続けるのが「プランA」であれば、「プランB」は次のようなものである。私たちに残された可能性は、「生態系の真実」、つまり危機的状況を取引価格に反映できる、新たな市場システムからのシグナルに基づいた、早急な構造改革のみである。具体的には、まず税制を改革する。所得税を減税し、化石燃料などの燃焼など、環境を悪化させる行為に対する環境税によって、環境的コストを内部化する。発信されるシグナルが現実を反映するように、市場システムを改革しなければ、消費者として、企業経営者として、あるいは政策立案者としての私たちは、誤った判断を重ねることになるだろう。正しい情報を欠いたままで下される経済判

断と、そこから生じる経済実態の歪みは、最終的には経済の後退をもたらしかねない。

養老孟司が『いちばん大事なこと――養老教授の環境論』で書いているように、現在のグローバル化した経済とは、落語の八と熊の地球規模の花見酒である。環境を問題にする立場は、たる酒の量を問題にする。だから自然が破壊されるという。経済を問題にする立場は、金のやりとりを問題にする。経済はどうでもいいのかという。自然がなければ経済は成り立たないのである。結局、「環境は経済の一部ではなく、経済が環境の一部」なのである。

食料と環境 環境学入門7

大賀圭治著

岩波書店　2004年　2940円（200ページ　A5判）　ISBN:9784000068079 (4000068075)

学問を言葉として覚えるか。趣味として楽しむか。心の縁（よすが）として究めるか。経世済民のために志すか。実利のために求めるか。いずれにしても、かつての人びとの学問に対するあくなき追求は、好奇心と経世済民にあった。しかし、今や学問への動機には新たな概念が加わった。それは好奇心や欲望や経世済民のためではなく、危機の回避のためにある。危機の回避とは、地球の

233

環境変動、資源の枯渇、資源の有限性からの回避などがその例であろう。「環境問題の解決なくして人類の未来はない」とか、「経済の中に環境があるのではなく、環境の中に経済がある」などという共通認識が深まりつつある。環境問題は、国際・学際・地際の融合なくして解決はおぼつかない。それゆえに、環境を扱う学問の領域は多岐にわたる。そのため環境を学ぼうとする学生への指針が必要である。『環境学入門』シリーズは、環境学を学ぼうとする学生のために刊行された。

このシリーズは、環境学序説・大気環境学・地球生態学・環境倫理学・環境と法／情報・環境と開発・食料と環境・環境と健康・環境社会学・都市環境論・エネルギー／経済／環境システム・環境ガバナンスの12編から成り立っている。危機の回避のために学問を志す学生にとっては、格好のシリーズであろう。

本書は、農業資源としての土地と水の現状を把握し、人口増加を眺めながら世界と日本の食料需給を解説する。さらに加えて、食料資源の劣化と環境の悪化に対し環境資源の持続的な利用の必要性を説く。さらに、化学物質に対する食の安全と安心を考える。このような観点から、アメリカやヨーロッパや日本の環境保全型農業や農業環境政策が解説される。さらに、農業のもつ多面的機能が解説され、最後に持続的食料生産の可能性について考察される。食料と環境に関する幅広い解説書である。

ワールドウォッチ研究所　地球白書 2004/05

クリストファー・フレイヴィン編著　エコ・フォーラム21世紀　日本語版編集監修
地球環境財団・環境文化創造研究所　日本語版編集協力
家の光協会　2004年　2730円（401ページ　A5判）ISBN: 9784259546519 (4259546511)

「光陰矢のごとし」という言葉は陳腐であるが、やはり歳月は激流のように早く経過する。レスター・ブラウンによって1974年に設立されたワールドウォッチ研究所は、所長の交代を含めて今年で30周年を迎えた。この研究所の年次刊行物として『地球白書』が創刊されたのが1984年であるから、今回の『地球白書』の出版は20周年の記念出版になる。

この白書では、我々がどのように消費をしているのか、そしてそれはなぜなのか、また消費行動における選択が人間や地球にどのような影響を与えるのかが検証される。食料、水、エネルギー、ガヴァナンス、経済、購買力、豊かな暮らしの見直しに関する章を設け、消費を抑えた社会は可能かを問い、それが不可欠であることを主張する。

また、この白書は20周年の節目にふさわしい内容になっている。これまでの白書は、広い意味での地球環境の現状を分析し、問題を明らかにし、その解決へ向けての技術的対応や政策的対応を提言してきた。しかし、「環境と人間」を根源から追求してきた研究と思索の結果として、この記念となる白書がたどりついたのは、「ウェルビーイング」であった。

ここでは、「ウェルビーイングな環境」、「ウェルビーイングな社会」、「ウェルビーイングな経済」、「ウェルビーイングな個人」といった表現で「ウェルビーイング」がつかわれている。翻訳者は、この「ウェルビーイング」を、どのように訳すかについて慎重に検討している。本文中の「日本語版を読まれる方へ」の中で次のような文章がある。

「『安らぎ』、『安寧』、『健全』、『十分に機能する』、『充実した』などが考えられたが、いずれも的確ではない。読みずらいことは読者の皆さんには大変に申し訳ないが、敢えて訳出をしないことにした。それが原著者に対しても読者の皆さんに対しても誠実であるにちがいない」と。第8章の「質の高い生活を実現するために Rethinking the Good Life」を読めば、このことが分かるようになっている。

第1章の「富とウェルビーイング」から一部をそのまま引用する。今回の白書がこれまでのものと少し異なることが理解されよう。

人や自然との、こまやかな交流を保証する社会

この概念の定義はまちまちだが、一般的に以下のようないくつかの共通テーマをもつ。

□生存のための基本的条件──食料、住居、安定した生計手段などを含む。

□良好な健康──個人の健康と自然環境の健全性を含む。

□良好な社会関係──実感できる社会的結束と、実感できる助け合いの社会的ネットワークとを含む。

□安全──身体的安全と個人的所有物の安全を含む。

□自由──潜在能力を実現する機会の保証を含む。

簡単に言うと、この概念は基本的に質の高い生活を意味し、そこでは日常の活動がゆったりと展開され、ストレスが少ない。ウェルビーイングに重点を置く社会は、家族、友人、隣人とのより親密な交流、より直接的な自然との「ふれあい」、そして財貨の蓄積よりも充足と創造的表現へのより強い関心に特徴づけられる。こうした社会は、自分自身の健康、ほかの人びとの健康、自然界の健康を損なうような行動を避けるライフスタイルを重視する。そこでは、今日の人びとが実感しているよりも、生活により深い満足感を見いだすことができるであろう。

環境危機をあおってはいけない──地球環境のホントの実態

ビョルン・ロンボルグ著　山形浩生訳

文藝春秋　2003年　4725円（671ページ　A5判）　ISBN: 9784163650807 (4163650806)

本書は、デンマークのオーフス大学政治科学部統計学担当準教授ビョルン・ロンボルグによって執筆され、従来の環境問題を扱った書籍と内容的に大きく異なるものである。「地球環境は悪化の方向にある」という緊急問題を提起する形での環境関連の書籍が多いのに対し、本書は「環

境危機をあおってはいけない」、「きちんと整理した情報に基づく議論が必要である」、「近年の遺伝子組み換えなど一連の科学技術はリスクと便益との比較が重要」などとし、「環境に関係するデータをきちんと見て落ちついた対応」を求めている。そのため本書は、「環境危機の「よく聞くお話」は本当か?」、「人類の福祉はどんな状態か?」、「人類の繁栄は維持できるのか?」、「公害は人間の繁栄をダメにするか?」、「明日の問題」および「世界の本当の状態」の6部から構成されている。

しかし、本書は環境問題の研究者から、いろいろな厳しい批判があった。このことについては、『日経サイエンス』(2002年7月号)、『Science』(299)(2003年1月17日)、『Nature』(423)(2003年5月15日)に詳しい。

著者は、本当の世界の状態をはかること、それを思いこみではなく、手に入る最高の事実に基づいて評価することを強調する。とくに、『地球白書』の語る環境はますます悪化しつつあるという定番の話を強烈に批判する。その例を挙げてみよう。

ワールドウォッチ研究所の『地球白書』に関して、森林面積の減少に関する報告の間違い、硫黄の排出量と酸性雨の関連の間違い、肥料消費量と食糧問題のとらえ方の間違い、生態系の崩壊の証拠説明の不足などが指摘される。そして、この研究所の何度も繰り返される主要な発言を見ると、生態学的な崩壊という定番話の主張は、実に危なっかしい例に基づくか、たんに信念として述べられていると手厳しく批判する。

ほかにもWWF(世界自然保護基金)などの例を示しながら、本書のタイトル『環境危機をあおってはいけない』を解説する。2925にも及ぶ膨大な文献や注の数には、著者の本書に寄せる思

文明の環境史観 中公叢書

安田喜憲著

中央公論新社 2004年 2100円（347ページ B6判）ISBN: 9784120035135 (4120035131)

アラブには、「海の向こうから、いいものが来たことはない」という格言がある。今のイラク戦争をみるに、諾なるかなの感がつよい。これに対して、わが日本人は「海の向こうからは、よいものが来る」、あるいは「すばらしい文明や思想は、海の向こうから来る」と思っている感がある。この日本人特有の、外からの文明礼賛思考を大鉈（なた）でもって切り崩し、日本文明史の新たな構造を世に問うたのがこの本である。

「著者から読者へ」のメッセージは以下の通りである。
「本書は年縞の分析により環境史を年単位で復元し、その高精度の環境史との関係において、文明史・世界史・日本史を再構築するものである。文明を風土との関係の中で考察するのである。

いが如実に示されている。しかし、引用文献が適切に行われているかをよく吟味しながら読まれるべきであろう。

環境リスク学——不安の海の羅針盤

中西準子著

日本評論社 2004年 1890円 (251ページ B6判) ISBN: 9784535584099 (4535584095)

「21世紀の地球環境と文明はどこへ向かおうとしているのか。それを知るためには、過去から現在を見通し、未来を予測するしか方法がない。地球環境問題の世紀を生き抜く勇気と希望の力は、環境史との関係において文明史を再構築する、この新たな歴史科学から生まれる」

フレーム光度型検出器（FPD）つきガスクロマトグラフで、タバコの煙を分析したことのある人なら、煙の中に様ざまな有害な含硫ガスが含まれていることはご存じだろう。しかしところ、実験の合間にこのことをやった経験がある。COSやCS2を始めとして様ざまなピークがガスクロマトグラフに現れてくる。これらのガスが脳をしびれさせてくれるのであろう。これは、タバコの煙の話。

次は、ダイオキシンの話。埼玉県の所沢市でダイオキシンの汚染問題が発生したのは、1999年2月のことである。農業環境技術研究所の当時の農薬動態科長が現場に出かけ、問題とされた作物を採取してきて分析し、この問題の解決におおいに貢献した。そしてその問題も長

240

い年月をかけ、昨年の末に解決された。

さて、すばらしい四季が満喫でき、きれいな空気を吸い普通の水を飲んでいるわが日本に住む平均的な人の場合、タバコの煙とダイオキシンの害とではどちらのリスクが高いのだろうか。多くの人が、あまりに加熱した報道をまだ覚えていて、ダイオキシンと答えるだろう。だが正しい答は、タバコの煙である。ダイオキシンによる人間へのリスクは、タバコのおよそ300分の1にすぎない。

では、リスクとはなにか。リスクの考え方、リスクの定義や計算、リスクの読み方などが著者の科学者としての経験と共に分かりやすく書かれているのがこの本である。リスクについての著者の主張は、実に単純明解である。環境問題においてもコストやリスクをきちんと考え整理しよう。あらゆる危険や害をゼロにするのは不可能なことだから、処理にかかるお金と発生するリスクとを比べて妥協点を考えよう。リスクやコストや便益とのバランスを重視しよう。それだけである。なんだか明解な人生論のような気もする。環境の研究や学問があまりにも小さな穴の中に入り込んだような気もする。

環境問題では、いずれも微小なリスクが大仰に取り上げられる。マスコミが不安をあおり、それが政治的に利用される。一方では、大量の予算を無駄使いするはめになる。きちんとしたデータと冷静な分析に基づく批判こそが重要なのである。このとき、コミュニケーションの道具としてのリスク論が有効性を帯びる。

2002年に開催された第1回農業環境技術研究所研究成果発表会には、著者に特別講演を依頼した。快く引き受けていただいた講演の内容も、最近になってようやく世間に浸透しはじめて

241

きた。喜ばしいかぎりである。

これは、『水俣病の科学』(125ページ参照)と同じように、現場で環境問題を考え、この研究でだれが幸せになるかを追求した立派な研究者のエキスが濃縮された本である。環境問題に関わる数多くの人びとに読んでもらいたい本である。不毛な極論や、煽りに踊らされないためにも。研究者に必要なことは、バランスのとれた常識をもつことと、専門に侵されない総合人としての脳を鍛えることであるのかも知れない。

農業本論

新渡戸稲造著

東京裳華房　明治31 (1898) 年

現代の日本人が百年前の明治人に学ぶことは多いが、あまりにも名高い新渡戸稲造の『武士道』もそのひとつであろう。日本に学び、日本文化にきわめて造詣の深い台湾の李登輝前総裁は、『武士道解題』を書き武士道をもって戦前の日本を語っている。

この書は、「武道」のみではなく「奉公」すなわち、「日々の勤め」も書かれたものである。また、「心

242

の持ちよう」が書かれている。「武士道とは死ぬこととみつけたり」などという文章があるために、変に誤解してきわめて保守系の強い本だと思っている人が多い。

もうひとつ重要なことは、農学にかかわる見識である。さて、新渡戸稲造は『武士道』を世に出した1年前に、『農業本論』を書いている。『武士道』があまりにも有名になり、『農業本論』は世間に忘れられた感が強いが、この本はいつの世にも読まれるべき農学の古典といっても言い過ぎではない。

農業環境技術研究所には、森要太郎著の新撰日本農業書をはじめ明治25年ころからの古書が数多く収蔵されている。そこで、それらの中から古典の『農業本論』を紹介する。この本は10章からなる。現代に通用することがらや、古典から学べるところがいくらもある。すでに、農業の多面的機能や環境倫理の萌芽がこの本の内容に認められる。まさに、温故知新である。目次を見るだけでも斬新な本であることがわかる。

アサヒ・エコブックス11 **カナダの元祖・森人たち**
――グラシイ・ナロウズとホワイトドッグの先住民/『カナダのミナマタ?!』映像野帖

あん・まくどなるど　礒貝　浩著

アサヒビール発行　清水弘文堂書房編集発売　2004年　2100円
（443ページ）A5判
ISBN:9784879505675 (4879505676)

この本は、カナダの有機水銀中毒症（疾患）にかかわる「知」と「情」を統合しようとした稀有な本である。「情」は「知」の温度を高め、彩度を鮮やかにする。その結果、目的が明確になる。

少し長くなるけれども、このことを紹介するため、わが国の水俣病にかかわる「知」と「情」を代表する2冊の本を紹介する。そのあとで、この本の紹介に入る。

有機水銀が原因であったわが国の水俣病は、環境・水産・医療の連携が最も必要であった歴史的な公害問題だ。この水俣病は、1954年（昭和29年）に水俣湾周辺で猫の狂死が頻発するという形で現れた。今から52年も前の話だ。

それから2年経過した1956年（昭和31）年になると、水俣湾の魚介類を常食する人びとに異常な病気が多発した。それが工場廃水の水質に関係することが明らかになっていった。この年の4月21日、異常中枢神経疾患の5歳の女児が新日本窒素水俣工場付属病院で診察を受け、入院した。

244

つづいて5月1日、付属病院長から水俣保健所に「原因不明の脳症状患者4名発生」という報告があり、水俣病が公式に確認されたのだ。それから今年で丁度50年、半世紀の歳月が経過したのだ。熊本大学研究班が、水俣病の原因が有機水銀中毒によるという報告書を厚生省に提出したのは、それから3年後の1959年(昭和34年)の11月だった。今から47年前のことだ。猫の狂死が頻発してから、水俣は5回目の秋を迎えていた。

この本は、カナダの先住民の有機水銀中毒症を追跡調査した貴重なものだ。この本の理解を深めるために、わが国の水俣病に関する次の2冊の本を紹介するのは意味があるだろう。

ひとつは、西村肇・岡本達明による『水俣病の科学、日本評論者』(2001年)だ。科学者の目で水俣病の発生を究明に追う。ほかの1冊は、石牟礼道子の『苦海浄土——わが水俣病、講談社文庫』(1972年)だ。小説家が「私小説」の形で追う記録ともいえる作品だ。中毒の原因である有機水銀という化学物質を、前者は「メチル水銀 CH_3Hg」という化学式で、後者は「苦海という水俣の風土」を表す言葉で追う。この両者に接近することが、真の意味での水俣病理解に繋がると思うからだ。

『水俣病の科学』については、本書、125ページで紹介したので、その部分の拙文を、まず読んでいただきたい。

つづいて『苦海浄土』にうつる。渡辺京二は『石牟礼道子の世界』でこの作品を次のように解している。「実を言えば苦海浄土は聞き書きなぞではないし、ルポルタージュですらない。ジャンルのことをいっているのではない。作品成立の本質的な内因をいっているのであって、それでは

何かといえば、石牟礼道子の私小説である」と。

「本の紹介」といっても、この本が小説であるからには、この項の紹介は、必要に応じて石牟礼道子の文章をそのまま記載するに留める。したがって、この項の紹介は執筆者の能力範囲を越えることになる。

水俣湾やその近辺の風景が、気持ちの悪いほどの静けさで語られる。「ボラのみならず、えびも、コノシロも、鯛も、めっきりすくなくなった。水揚量の急激な減少にいらだった漁師たちは、めいめい、無理算段して、はやりはじめていたナイロン網に替えたりしたが、猫の育たなくなった浜に横行するネズミに、借金でこしらえたせっかくのナイロン網を、味見よろしく、齧られたりする始末であった」と。

若いころ村のスターだった44号患者の「さつき」について、彼女の母親は語る。「おとろしか。おもいだそうごたるなか。人間じゃなかごたる死に方したばい。わたしはまる一ヶ月、ひとめも眠らんじゃったばい。九平と、さつきと、わたしと、誰が一番に死ぬじゃろかと思うとった。いちばん丈夫と思うとったさつきがやられました。……上で、寝台の上にさつきがおります。ギリギリ舞うとですばい。寝台の上で。手と足で天ばつかんで。犬か猫の死にぎわごった……」と。「……うちゃ入院しとるとき、流産させらしたっぱい。あんときのこともおかしか。なんさま外はもう暗うなっとるようじゃった。お膳に、魚の一匹ついてきたったもん。うちゃそんなとき流産させなはった後じゃけん、ひょくっとその魚が、

二丁櫓の舟は夫婦舟である。不知火海のゆったりした波を、茂平とゆきは櫓を漕ぐ。舟の上はで産んだ娘じゃろうかと思うようになりました。彼らの天国であった。しかし、ゆきは患者になった。

246

赤子（やや）が死んで還ってきたとおもうた。頭に血が上がるちゅとじゃろ、ほんにああいうときの気持ちというものはおかしかなあ。
うちにゃ赤子は見せらっさんじゃった。……早う始末せんにゃ、魚ばぼんやり眺めとるうちに、赤子のごつも見ゆる。……早う始末せんにゃ、赤子しゃんがかわいそう。あげんして皿の上にのせられて、うちの血のついとるもんを、かなしみよ。始末してやらにゃ、女ごの恥ばい……」と。
患者によって、病室の夜中の風景が語られる。「みんなベッドに上げてもろうて寝とる。
ふとん落としても、病室みんな、手の先のかなわん者ばっかり。自分はおろか、人にもかけてやることできん。口のきけん者もおる。落とせば落としたままでしいんとして、ひくひくしながら、目をあけて寝とる。さみしかばい、こげん気持ち」と。
石牟礼道子が、患者の言い表していない思いを言葉として『苦海浄土』になぜ書けたか。そのことは、次の文章から容易に推察できる。「この日はことにわたくしは自分が人間であることの嫌悪感に、耐えがたかった。釜鶴松のかなしげな山羊のような、魚のような瞳と流木じみた姿態と、決して往生できない魂魄は、この日から全部わたくしの中に移り住んだ」

ここらで、本当に紹介したい本、『カナダの元祖・森人たち』に入ることにする。だが、その前に再び横道にそれたい欲望に駆られる。それは、著者のあん・まくどなるどの経歴と彼女と磯貝浩の関係である。このことについては、残念ながら紙数の関係で磯貝浩の『みなさん　ひとあし　おさきに　さようなら』（清水弘文堂書房）を参照していただきたい。

『カナダの元祖・森人たち』は、まえがき（34ページ）、1章　ホワイトドッグの先住民たち（117

247

ページ)、2章 グラシィ・ナロウズの先住民たち（195ページ）、あとがき（5ページ）、解説（7ページ）、資料編（17ページ）から構成されている。全443ページのうち、131ページは大判の写真で占められている。ほかの残りのページにも所狭しと数多くの写真が掲載されている。資料や文献の紹介は16ページに及ぶ。型破りの本といえるのかもしれない。

カナダの森の中で川や湖とともに生きてきた先住民は、有機水銀に冒され、水俣病に苦しんでいる。このことを生の声と写真でわれわれに届けてくれたこの本は、カナダ首相出版賞を受賞する。いろいろな出会いを満載したこのカナダの旅は、声と写真でたくさんの人にさまざまなメッセージを送る。カナダの水俣病の現地訪問の旅は、民俗学の旅でもあるのだ。

「まえがき」では、有機水銀中毒が起きた社会的かつ地理的背景、現地調査の方法が解説される。

さらに、白人社会の常識をもつ人のインタビューも紹介される。

カナダ・オンタリオ州ドライデン市にあるリード製紙の子会社ドライデン化学が、1960年代はじめから1970年代なかばにかけてワピグーン水系に水銀を流し続けた。ドライデン化学の排水溝から約130キロ下流の村、グラシィ・ナロウズ（2章）と、そこからさらに約30キロ下流の村、ホワイトドッグ（1章）の先住民オジブワ族が、排水溝から流れた有機水銀によって冒された。どちらの村も先住民指定居住地の中にある。

著者はこの村を5年間にわたり合計11回調査し、113人に「いきあたりばったり（任意抽出）方式」で話を聞き、その結果を写真とともに、生のまま野帖にまとめた。それがこの本なのである。

インタビューされた白人キャスリーン・キャンベルは、トロント大学で公衆衛生の学位を習得

248

した看護師で、グライシイとホワイトドッグで1946年から59年まで指定居住区の巡回看護師とその管理職に従事していた。ここでは、キャンベル家3代にわたる村人たちとの交流を含むさまざまなインタビューの内容が紹介される。

著者は、最後に1960年代のはじめから今日まで尾をひいている先住民の有機水銀中毒症の問題を聞こうとする。キャスリーンは著者の質問を最後まで言わせない。「水銀たれ流しの話を耳にしたので、すぐにカメラを持って、ワビグーン・リバーのほとりに写真をとりに行きました。ドライデン化学工業から15キロメートルほど下流の岸辺にね。川の状態は想像を絶するほどひどかった。水はにごり、汚れきっていた。一目見て、どうしようもない状態であることが、はっきりとわかりました」。「有機水銀中毒症(疾患)問題、どう思いますか?」著者は聞く。「ただ、ただ、絶句、です」と。

最初に『水俣病の科学』と『苦海浄土』を対照的に紹介した。なんと、この本は「メチル水銀(CH_3Hg)という科学と、「苦海という水俣の風土」という言葉が共存している本なのだ。この両者が1冊の本の中に共存している。真の意味での水俣病を理解させるために、「知と情の統合(インテグレート)」がなされている。「はじめに」の中に4ページにわたる詳細な科学的な「注」があり、生の声と写真が共存している。それこそ、いい意味で「絶句」だ。

「1章 ホワイトドッグの先住民たち」では、62歳の村の助役を筆頭に子供たちを含め合計45人の村人と1頭の熊をインタビューする。インタビューの後、コメント(解説や意見)、モノローグ(自問自答、独白)が入る形で現地調査は続く。インタビューの内容、長さ、コメント、モノロー

グはさまざまで、1ページに満たない人から21ページに及ぶ人までいる。まさに「いきあたりばったり」だ。この人びとをして語らしむる方法は、カナダの有機水銀中毒症の本質を独特な力でもって人に迫るものがある。

番外編の「ホワイトドッグ周辺の森に住むクマ」は、川や湖の魚と森のキノコや木の実（ベリー）などを食しながら森の中に住む年齢不詳のクマとの出会いを描写したものだ。森の草むらに座って焦点の定まらない目で、ぼんやりと筆者たちを眺めているこのクマが、有機水銀中毒症かどうかは定かでない。

「2章 グラシイ・ナロウズの先住民たち」では、48歳の前教育長・現村長のサイモン・フォビスターの11ページにわたるインタビューから、「人にとって、水銀は悪」とただの1行を語る15歳の中学生ケン・アシンのものまで、68人の人びととの出会いが克明に書かれている。20歳のときにグラシの村長（チーフ）になったサイモンとのインタビューは、移住問題、水銀汚染の話し合い、政治、コミュニティー内のこと、話し合いへのこぎつけ、など政治的な状況や村の歴史などがわかって興味深い。

次は「解説」である。この本がカナダ首相出版賞を受賞したことは、すでに述べた。この解説では、この賞を受賞するにいたる過程での推薦状が披露される。環境省地球環境局の水野 理氏が書いたものだ。日本の水俣病の話から、日本の公害行政の来し方、日本人の民族的な特性などをうまく織り成し、なめらかな表現でこの本の特徴が表現されている。

最後は「資料編」だ。熊本学園大学教授原田正純氏が書きおろした「カナダ先住民地区における水銀汚染事件の医学的所見（1975〜2002年）」である。発端、環境汚染の事実、住民の健康障害、27年目の訪問、行政の対策、前回調査との比較と奨励、考察（カナダでは1975年には発症していたと考えられる。27年前には軽症、無症状が現在では典型的水俣病に）、要約、文献から構成されている。

注1　熊本大学の原田正純氏（当時）および水俣協立病院の藤野糺氏らは、1975年にホワイトドッグとグラシイ・ナロウズのふたつの村に出かけている。そこで、先住民を対象に現地調査、被害者たちの検診などを行い、すでに水俣病と判断している。2002年8月に再訪し、57人の先住民の水俣病検診を行い「受診者の80％が水俣病と考えられる」と結論している。

注2：静かな水俣湾で生じた疾患が、国によって公式に「水俣病」として確認されてから5月1日でちょうど50年、半世紀の歳月が経過した。

参考資料
1　『水俣病の科学』西村　肇・岡本達明、日本評論社（2001年）
2　『苦海浄土——わが水俣病』石牟礼道子、講談社文庫（1972年）
3　『みなさんひとあしおさきにさようなら』礒貝浩著、清水弘文堂書房（2004年）

水俣病発生から？年・公式確認から50年
水俣病が公式に確認されてから、平成18年5月1日でちょうど50年。半世紀の歳月が経過した。

１９５６年４月２３日、５歳１１か月の女児が新日本窒素（現在のチッソ）水俣工場付属病院小児科に入院した。５月１日、水俣保健所が「原因不明の奇病発生」として水俣病を公表した。これが後に水俣病の「公式確認」となった。この年、５０人が発病し１１人が死亡した。

この長く辛い半世紀をどのように表現したらいいのであろうか。数字の世界で表現すれば、５０年は１万８２６２日、千日修行を１８回も行うほどの時間である。そのためには、彼女の著書『苦海浄土』を読むことになる。これを越える作品はない。情や怨念の世界では、やはり「石牟礼道子の世界」のおもいを感じとることであろう。

いま、平仮名でおもいと書いた。国語の「おもい」は感情が「おもて」に表れることである。「面（おも）」を動詞化した語である。白川静の『文字逍遙』によれば、「おもふ」には、思・念・想・懐・憶・欲・以為・惟など数多くの漢字表記があるという。

「石牟礼道子の世界」のおもいは、恐らく「懐」であったろう。懐の旁は衣と涙とに従う字で、死者の襟もとに涙を垂れる意である。すなわち死喪の礼で、死者と決別する意である。その懐（ちか）しかった人のことが、折にふれて懐（なつ）しく懐（おも）いだされるのであろう。残念なことであるが、わが国の国語表記では今では「思う」ことはできるけれども、「想う」こと、「念う」こと、「憶う」ことや、「懐う」ことができない。

年配の方には周知の事実であるが、若い人びとに水俣病にかかわる事実を継承したい思いで、河出書房新社の『環境史年表・明治・大正・昭和・平成』（２００４年）を中心に、以下に水俣病にかかわる史実を年代順に整理してみた。なお、ここでは直接水俣病とは関係のない環境と関わる水銀についても列記した。

水俣病は、チッソ水俣工場の排水に含まれていたメチル水銀が魚介類に蓄積し、まずそれを食べた猫が踊るようにして死に、次に魚介類を食べた漁民やその家族が発病したものである。昭和7年から微量な水銀が排出されていたとみられ、31年に公式に確認される前から症状を訴えていた患者も数多くいる。視野狭窄、感覚障害、運動失調などさまざまな症状が現れる。母親の胎内で水銀に侵された胎児性患者も確認された。

明治14年7月（1881）後藤幾太郎、水銀中毒・炭酸ガス中毒にふれた医学論文で、慢性中毒として職工の発病に注意を喚起。

明治22年9月（1889）医学士島村俊一が鏡職工の水銀中毒について報告。

昭和3年1月（1928）警視庁管下15工場の水銀取扱い作業者190人中、12人に水銀中毒が発見される。いずれも男性。

昭和21年2月（1946）日本窒素がアセトアルデヒド、酢酸工場の排水を無処理で水俣湾へ排出。

昭和24年ごろ（1949）水俣湾でタイ、エビ、イワシ、タコなどが獲れなくなる。

昭和27年（1952）熊本県水俣で最も早期の認定胎児性患者が出生。ただし認定は20年後。

昭和28年8月（1953）熊本県水俣湾で魚が浮上し、ネコの狂死が相次ぐ。以後、急増。

昭和28年12月（1953）熊本県水俣市で5歳の少女（溝口トヨ子）が原因不明の脳障害と診断される。後に水俣病認定患者第1号となる。

昭和29年（1954）熊本県水俣でのちに水俣病と認定された患者が12人発生。ほかに5人死亡。

昭和31年（1956）米の水銀残留問題が起こる。昭和32年7月、農林省が調査を開始。

昭和31年4月（1956）5歳11か月の女児が新日本窒素（現在のチッソ）水俣工場付属病院小児科に入院。5月1日に水俣保健所が「原因不明の奇病発生」として水俣病を公表。後に水俣病

昭和31年6月（1956）水俣市で上村智子が胎児性水俣病患者として誕生。この年、50人が発病し11人が死亡。目は見えず、耳はわずかに聞こえる程度。のち水俣病裁判の原告の1人となる。昭和52年12月5日死去。21歳。

昭和32年4月（1957）水俣保健所の実験で、水俣湾内で獲れた魚介類を与えたネコに奇病発生。

昭和33年8月（1958）熊本県が水俣湾海域内での漁獲を禁止。

昭和34年6月（1959）鹿児島県出水市でも水俣病患者が発生。

昭和34年7月（1959）熊本大学研究班が有機水銀説を発表。

昭和34年9月（1959）日本化学工業協会の理事が有機水銀説を否定。

昭和34年11月（1959）厚生省食品衛生調査会が水俣病の原因を有機水銀化合物と結論。

昭和36年3月（1961）水俣市で岩坂美子（3歳）死亡。病理解剖で胎児性水俣病と確認。

昭和37年11月（1962）水俣病審査会、胎児性小児マヒ患者16人を胎児性水俣病と認定。

昭和38年2月（1963）熊本大学が水俣病の原因はメチル水銀化合物で、これは水俣湾内の貝や新日本窒素工場の汚泥から抽出されたと公式発表。

昭和40年5月（1965）新潟大椿教授ら新潟県衛生部に「原因不明の水銀中毒患者が阿賀野川下流域海岸地方に発生」と警告。新潟水俣病発生の公式認定。

昭和40年7月（1965）新潟県衛生部、阿賀野川下流の魚の販売を禁止。

昭和41年3月（1966）白木博次東大教授ら、水銀農薬の使用禁止を衆議院科学技術振興特別委員会で訴える。

昭和41年5月（1966）農林省が水銀系農薬の非水銀系への切り替えを通達。

昭和42年4月（1967）厚生省研究班が新潟水銀中毒事件は昭和電工鹿瀬工場の排水による第2水俣病と発表。

昭和42年6月（1967）患者が昭和電工を提訴。新潟水俣病1次訴訟。初の本格的公害裁判。

昭和43年5月（1968）チッソ水俣工場がアセトアルデヒド製造を中止。メチル水銀化合物の排出終わる。

昭和43年8月（1968）厚生省が水銀工場194のうち50工場の排水を調査し、37工場に警告。

昭和43年9月（1968） 国が「チッソ水俣工場の排水中のメチル水銀化合物が原因」と公式見解発表。公害病に認定。

昭和44年1月（1969） 石牟礼道子『苦海浄土――わが水俣病』刊行。

昭和44年11月（1969） 公害被害者全国大会開催。水俣病、イタイイタイ病、森永ヒ素ミルク中毒、カネミ油症などの被害者代表百数十人が集まる。

昭和46年3月（1971） 昭和45年5月からこの月にかけて山口県徳山・岩国水域のヘドロから113.7ppm、97.88ppmなど高濃度の水銀検出。

昭和46年7月（1971） 1月に検査されたマグロ漁船員100人の頭髪から最高69ppm、平均27ppmの総水銀量が検出されていたことがわかる。

昭和46年7月（1971） 山形県酒田港の海底の泥から1万4000ppmを超える鉛をはじめ、異常な高濃度のヒ素・水銀が検出される。

昭和46年9月（1971） 新潟水俣病裁判で、新潟地裁が昭和電工鹿瀬工場の排水が原因と断定、原告76人に2億4931万円の賠償を命じる。確定。

昭和46年10月（1971） 水俣病患者が新たに16人認定される。患者総数150人、うち死者48人。

昭和46年12月（1971） イラクで種子消毒用水銀を誤って飲食した農民に水銀中毒が発生、死者6000人、重症1万人。

昭和46年12月（1971） 新潟県で阿賀野川上・中流地域の8人を含む14人が新たに新潟水俣病患者に認定される。

昭和47年8月（1972） マグロを常食の都職員21人の毛髪から最高25.62ppm、13人から10ppmの水銀が検出される。1日に100～150gのマグロを食べていた。

昭和47年12月（1972） 熊本・鹿児島両県知事、天草の住民も含む52人の水俣病患者を認定。患者総数は344人となる。うち死亡62人。

昭和48年（1973） 環境庁が水俣湾の底質（海底や川底）25ppm以上の底質はすべて除去することを決める。

昭和48年3月（1973） これに基づき水俣湾の汚泥除去と埋め立てが行われる。

昭和48年3月（1973） 熊本地裁、水俣病民事訴訟で、被告チッソの「過失責任」を断定。患者1人当たり最高1800万円（総額9億3000万円）の賠償を命じる。上訴せず確定。

昭和48年6月（1973） 東京都衛生局、築地の中央卸売市場に入荷したマグロ・カジキ類の8割以上から高濃度の水銀を検出と発表。水銀汚染パニックが起こる。

昭和48年6月（1973） 厚生省、魚介類の水銀暫定基準を決定。「小アジなら1週間に12匹まで」など魚の安全献立表を発表。

昭和48年6月（1973） 石川県小松市の飼い猫に水俣病に似た症状が発生していることが判明。マグロ・フレーク缶詰を6か月間常食して発症したもの。

昭和48年7月（1973） 北海道獣医師会でも同様の25例が報告される。

昭和48年7月（1973） 琵琶湖産魚介類のPCBおよび水銀汚染で滋賀県が安全宣言。

昭和48年9月（1973） 水俣市の水俣病認定患者が自殺。

昭和49年8月（1974） 5歳で水俣病に冒され、18年間危篤状態だった松永久美子が死亡。水俣病患者100人目の死者。

昭和49年9月（1974） 環境庁が水銀・PCBによる水質汚染により、漁獲規制の必要地域は全国で26か所と発表。

昭和50年3月（1975） チッソ幹部が水俣病の「殺人、傷害罪」で告訴される。昭和63年2月、チッソ元社長ら業務上過失致死罪で有罪判決。

昭和50年6月（1975） 徳山湾の水銀ヘドロ浚渫工事、費用全額を企業負担で開始。

昭和50年7月（1975） 水銀汚染被害が発生しているカナダ・オンタリオ州のインディアン集落より、住民代表らが水俣病の実態把握のため日本を訪問。

256

昭和51年5月（1976） 熊本地検、水俣病でチッソ関係者を業務上過失致死傷害罪で起訴。4大公害事件で初の刑事訴追。昭和54年3月22日、熊本地裁で有罪判決（高裁支持）

昭和52年4月（1977） 不知火海総合学術調査団医学班が「住民検診の結果、申請者の8割に水俣病の疑いがあり、4割は臨床的にも水俣病。汚染地域指定以外にも疑いのある者が多い」と報告。

昭和52年7月（1977） 環境庁が水俣病の認定基準「後天性水俣病の判断条件」を発表。

昭和52年8月（1977） 運輸省、水俣湾内公有水面の埋め立てを認可。

昭和54年3月（1979） 熊本地域水俣病に関わる刑事事件で、被告の元チッソ幹部2人に有罪判決。

昭和55年5月（1980） 水俣病認定申告者が国・県も被告に加え提訴。第3次訴訟。以後申請者の提訴が相次ぐ。平成5年、地裁が国・県の発生拡大責任を全面的に認める判決。

昭和58年11月（1983） 東京都公害研が「水銀を含む乾電池を他のゴミと共に消却すると、WHOの基準を70～330倍上回る水銀が排出される」と発表。

昭和60年7月（1985） 厚生省の諮問委員会が水銀入りの使用済み乾電池について「環境保健上の問題はない。従って分別回収の必要もない」と安全宣言を出す。のちに問題化。

昭和62年3月（1987） 水俣病第3次訴訟、熊本地裁がチッソとともに初めて国と県の責任を認め、総額6億7400万円の支払いを命じる。

昭和63年3月（1988） 水俣病の刑事裁判で、最高裁がチッソ元社長と元工場長の上告を棄却、懲役2年・執行猶予3年の有罪判決。起訴以来32年。

平成2年3月（1990） 水俣湾埋め立て事業完了。

平成3年11月（1991） 中央公害対策審議会、水俣病と認定されなかったいわゆるグレーゾーンの人たちの総合救済策を環境庁長官に答申。

平成4年（1992） 水俣市が「環境水俣賞」を創設。

平成4年1月（1992） アルカリ電池の水銀使用ゼロに。

平成4年12月（1992） 水俣市の中学校の調査で、水俣病の偏見から交通を断られたり、修学旅行でからかわれるなどの差別に悩むケースが多いことがわかる。

平成5年3月（1993） 熊本地裁、水俣病第3次訴訟第2陣判決で国・県の責任を再び認定。

平成5年8月（1993） 国立環境研究所の調査で、日本人の毛髪には外国人より2〜3倍も高い水銀が含まれていることが判明。「日本人は魚を多く食べるためではないか」と推測される。

平成7年10月（1995） 水俣病被害者・弁護団全国連絡会議は政府・与党の最終解決案を受け入れ、事実上の決着。

平成7年12月（1995） 政府、水俣病の未確認患者問題につき最終解決策を決定、村山首相、原因の確認・企業への対応の遅れを首相として初めて陳謝。国の法的責任には触れず。

平成8年5月（1996） 水俣病訴訟が和解。16年ぶりに終結。被害者側、訴訟取り下げへ。

平成9年7月（1997） 熊本県が水俣湾の安全を宣言。水俣病の公式発見から41年ぶり。仕切り網が撤去され、23年ぶりに漁場が復活。

平成11年6月（1999） 東京・八王子の農薬工場跡地で、高濃度水銀汚染の除去作業により、周辺住民が健康被害を訴える。

平成17年10月（2005） 未確定患者が熊本地裁に集団提訴。

参考資料
1. 環境史年表 明治・大正：下川耿史著、河出書房新社（2004年）
2. 環境史年表 昭和・平成：下川耿史著、河出書房新社（2004年）
3. 産経新聞：平成18年4月30日
4. 文字逍遙：白川静著、平凡社（1994年）

258

安全と安心の科学 集英社新書

村上陽一郎著

集英社　2005年　714円（206ページ　新書）　ISBN: 9784087202786 (408720278X)

この本は、人間のもつ「リスクに立ち向かう」営みについて書かれたものである。科学・技術は「絶対安全」を約束するものではない。しかし、さまざまな事故をあきらめることなく、事故の来る所以を分析し、なにかを探し出す。そして、一歩でも前進した事故対策を練る。時には人間の力がいかに卑小であるかを再認識し、自然の力の雄大さに再び頭を垂れる。そのような思いをもちながらこの本は書かれている。以下に各章の内容を紹介する。

序論　「安全学」の試み

ここ数年の間に、安全と安心は社会の合い言葉のようになった。その背景には、「科学技術基本計画」でも、「安全で安心できる国」なるスローガンが掲げられている。その背景には、自然と人間との接点で起こる自然災害がある。つづいて、戦争や凶悪犯罪など人間が人間の安全を脅かしている現実がある。また、人間が作った人工物に脅かされている人間がいる。それは、自動車であり原子力である。

一方では、社会構造の変化からくる外化（著者の定義　現代社会は、過去においては個人の手に委ねられてきたさまざまな機能や能力を、個人から取り上げ、それを社会の仕組みのなかで達

成させようとする傾向にあります。少しぎこちない言葉ですが、それを「外化」という言葉で呼ぶことにしましょう。）や年金への不安が顔を覗かせる。また、文明化の進展によって変化する疾病の構造への不安がある。社会を構成している成員がその社会に違和感を持ち、自分が社会のなかであるべき場所を見出せない不安が充満している。

社会によってさまざまな不安が存在する。文明の発達した社会が、その成員にとって決して好ましい安全と安心がある環境ではないのである。加えて、仮に「安全」でも「安心」は得られないのである。危険が除かれ安全になったからといって、必ずしも安心は得られない。

「不足」や「満足」は、心理的な側面の強い概念であるけれども、ある程度数値化が可能である。しかし、「不安」と「安心」はそうした数値の世界に乗り切らない。

ひょっとしたら、脳には最初から不安という要素があって、ある現象をその脳の不安要素につねに関係づけようとしているのかもしれない。いずれにしても、この本の提唱する「安全学」とは、「安全―危険」、「安心―不安」、「満足―不足」という軸を総合的に眺めて、問題の解決を図ろうとするものと理解すればよいであろう。

第1章 交通と安全―自己の「責任追求」と「原因究明」

著者は序論で、戦争や原子力や震災に比べて、自動車事故について「年間8千人、つまり阪神・淡路大震災での死者数を上回り、毎日確実に20人以上の死者を生み続けている交通の現場に対する社会の関心の低さは異常でもあります。」と指摘している。確かにこの異常さは、どこからくるものか、不思議な現象である。

260

「交通と安全」と題するこの章では、上述した自動車事故についての「責任追及」と「原因究明」の違いと、「原因究明」の必要性について解説する。このことを理解させるために、航空機のフール・プルーフ（注 操作パネルなどの設計に当たって、不注意があってもなお、致命的な結果におちいらないようにする技術的工夫）やナチュラル・マッピング（注 操作パネルなどの設計に当たって、「自然」であることを一義に立てることを意味する）などを例に出す。

交通事故が起こる。事故の調査が行われる。事故の調査が「責任追及」の観点から行われる。このことは確かに必要だが、事故の調査がそのような観点だけから行われることが問題だと指摘する。すなわち、事故原因の究明が次の事故の防止のためになされなければならないとする。これが「原因の究明」である。安全へ導くインセンティブの欠如を指摘しているのである。

過去に学ばないものは、同じ過ちを繰り返す。このことこそ、どのような現場であろうと、安全の問題に取り組むときの黄金律（この項の筆者の注 「golden rule」新約聖書のマタイ福音書にある山上の説教の一説「すべて人にせられんと思うことは人にもまたそのごとくせよ」）なのである。このことは、すべての事象に当てはまる。歴史を見る目であり、科学をする意識であり、生命を継続させる目である。歴史に学ぶとは、どんな分野においても先人が語ってきた忘れてはならない定説なのである。

第2章 医療と安全——インシデント情報の開示と事故情報

失敗・事故・アクシデント・インシデントから学ぶことが強調される。事故が起きた。報告制度がある。なぜ報告が必要か。起こった不都合な出来事を共有する。なぜ共有するか。今後の改善を目指すために重要だから。医療現場に多い「患者取り違え」事件で、このことを説明する。

それでも、人間は間違える。「人間は間違える」ことを、To Err is Humanで解説し、フール・

プルーフ（愚行、ミス、エラーに対して備えができている）を解説しながら安全を保つことの必要性が語られる。フェイル・セーフ（失敗があっても安全が保てる）を解説しながら安全を保つことの必要性が語られる。

さらに、安全については、「医療の品質管理」の導入が必要であると強調される。医療はそもそも、危険と隣り合わせにある。したがって、危機を承知の上で行われる行為でもある。そこで問題が起こっても、それが問題であるかどうかさえ判らないままに、ミスや誤りが明確化されない傾向が強いから、医療の品質管理は責任の上からも重要であると説く。

つづいて医療の安全を語るために、戦後世間の耳目を集めた「薬害事件」が、その背景とともに紹介される。睡眠薬サリドマイドを妊娠初期に服用した妊婦から生まれた子供に、先天性の奇形が発生したサリドマイド事件。キノホルムが絡む消毒剤による薬害事件で、亜急性・背髄・視神経・末梢神経障害（subacute myelo-optic-neuropathy）の頭文字から名付けられたスモン。マラリアの治療薬を慢性の炎症や肝炎などに拡大し、視力障害をもたらしたクロロキン事件。ある種の抗癌剤と併用すると、死亡も含む重篤な障害が発生するヘルペス治療薬として開発されたソリブジン。血友病の治療のために使われてきた非加熱血液製剤に含まれていたHIVによる感染症など。

くわえて、医療スタッフの安全問題が語られる。医療の責任に対する心理的な重圧、治療中の事故による感染、院内感染など医療者の安全も忘れてはならない問題であると、話は続く。

第3章 原子力と安全—過ちに学ぶ「安全文化」の確率

この章では、原子力事故を通して「過ちに学ぶ」ことを力説する。そのためには、「技術と知

識の継承」、「暗黙知の継承」、「初心忘るべからず」および「安全文化」が重要であると指摘する。
安全文化とは、国際原子力機関が、相次ぐ事故を教訓として国際的に原子力関係者に向けた啓発活動として提唱してきた概念である。
安全文化はふたつの要素からなる。ひとつは組織内の必要な枠組みと管理機構の責任の取り方である。ふたつ目は、あらゆる階層の従業員が、その枠組みに対しての責任の取り方および理解の仕方において、どのような姿勢を示すか、という点である。この内容は、たんなる精神主義ではなく、広く一般に活用できるので以下にその一部を記載しておく。

個々の従業員には、

1. 常に疑問を持ち、それを表明する習慣を付けること
2. 厳密で思慮深い行動をとるには、なにを心がけるかを考えること
3. 相互・上下の間のコミュニケーションを十分に円滑にすること

管理的業務者には、

1. 責任の範囲を常に明確にして隙間がないようにする
2. 部下の安全を発展させる実践活動を明確に分節化し、かつそれを統御すること
3. 部下の資質を見抜き十分な訓練を施すこと
4. 褒賞と制裁とを明確に行うこと
5. 常に監査、評価を怠らず、また異分野やほかのセクションとの比較を怠らないこと

さらにここでは、「科学者共同体」と専門知識の関係が解説される。それを受けて、どのようにして専門知識が外部社会に利用されるようになったかの説明がある。これらの歴史的な経過を経て、はじめて安全が獲得されていくのである。

つまり科学の本来の姿は、知識の生産・蓄積・流通・利用・評価などが完全に科学者共同体の内部に限定された形で行われる。すなわち、自己完結的な活動なのである。しかし、原子力の場合、科学者共同体の外の組織である行政や軍部に利用の道が開かれたのである。このときから科学は、科学者の好奇心を満足させるための自己完結的な知的活動であると同時に、その成果を外部社会が、特に国家が、自分たちの目的を達成するために利用できる宝庫にしたのである。

また原子力産業の特異性が、原子力発電所事故のカテゴリー分類、スリーマイル島原子力発電所事故、チェルノブイリ原子力発電所事故、東海村JCO臨界事故などを例に解説される。

第4章 安全の設計——リスクの認知とリスク・マネジメント

はたして「リスク」の訳語が「危険」で、「マネジメント」の訳語が「管理」なのかという疑問から始まり、「リスク」という語の語源の定説が紹介される。「リスク」には「人間の意志」または「人間の行為」が絡んでいる。行為には「利益」が伴い、その「利益」を追求しようとする意志がある。リスクの中で問題になる「危険」は、「可能性としての」の「危険」であり、しかもなんらかの意味で人間が「利を求めることの代償」としての「危険」ということになる。

つづいて「リスク認知の主観性」が語られる。リスクは不安や恐れと表裏をなす概念であるから、

「心理的」な意味あいをもつ。だからある喫煙者は、喫煙という行為が客観的にリスクがきわめて大きいにもかかわらず、何倍もリスクの低い組換え体作物の方にリスクに関する情熱を傾けたりする。

リスクの認知は、慣れていないもの、未知のものへの恐れなどに過大に現れる。また、自己から時間的、空間的な距離が遠くなるにつれて、認知度は低下する。

結局、リスクの認知は、主観的あるいは心理的な要素を多分に含むもので、個人や社会の価値観と密接に繋がっている。このように主観的な色合いの濃いリスクに対しては、ある程度の客観性が与えられなければならない。これがリスクの定量化である。

このようなリスクの背景が語られ、リスクの認知、定量化、評価が紹介される。当然のことであるが、認知され、定量化された事故についてのリスクは、評価に基づいて、起こらないように管理される必要が生じる。

第5章 安全の戦略—ヒューマン・エラーに対する安全戦略

前章のリスクの認知、定量化、評価、管理上の問題点にはヒューマン・ファクターは除外して算定されていた。この章は、ヒューマン・エラーが起こったとき、どのような安全への戦略が可能か、また、システムの安全を目指すときに、それに関わる人間の意識として、なにが必要かという点に焦点が絞られる。

そのような視点から、次の項目が設定され、それぞれの項目が解説される。

安全戦略としての「フール・プルーフ」と「フェイル・セーフ」/「安全」は達成された瞬間

成長の限界——人類の選択

ドネラ・H・メドウズほか著　枝廣淳子訳
ダイヤモンド社　2005年　2520円（206ページ　A5判）
ISBN: 9784478871058 (4478871051)

から崩壊が始まる／ホイッスル・ブロウ（注　危険を察知して、警告を発する）の重要性／ヒューマン・エラーが起こるときの条件／アフォーダンス（注　生物が自分以外のなにものかと出会ったとき、どのように感じるか、という場面で生じる特性）に合っていること／回復可能性／複合管理システム／簡潔・明瞭な表示法／コミュニケーションの円滑化／褒賞と制裁／失敗に学ぶことの重要性

この本を一読して、吉田松陰の次の言葉が頭から離れない。
「冊子を披繙すれば嘉言林の如く躍々として人に迫る。顧うに人読まず。即し読むとも行わず。苟（まこと）に読みて之を行わば即ち千万世（せんばんせい）と雖も得て尽くすべからず」。

1972年と1992年に出版された『成長の限界』および『限界を超えて』につづいて、同じ著者による第3弾が、『成長の限界　人類の選択』である。著者らは、約30年前に実業家、政治家、科学者などからなるローマ・クラブを立ち上げ、システム・ダイナミクス理論とコンピュータに

よるモデリングを用いて、世界の人口と物質経済の成長の長期的な原因と結果を分析した。それが『成長の限界』である。

『成長の限界』は、当時「未来予測」とか「予言」とか評された。『成長の限界』が地球の扶養力を超えて増大しないよう、技術や文化、制度などの根本的な革新を先手を打って行うべきだと訴えている。この論調は基本的には楽観的なものであり、「早く行動すれば、地球の生態学の限界に近づくことによるダメージをこれだけ減らせる」ということが繰り返し述べられている。

したがって、『成長の限界』では、「成長が終焉を迎えるのは、本書が刊行されてから50年ほど先のことだ」としていた。たとえ地球規模であっても、議論し、選択し、修正のための行動をとることができると思われた。1972年の時点では、人口も経済も、問題なく地球の扶養力の範囲内にあるようだった。長期的な選択肢を考えつつ、安全に成長する余地がまだあると考えられた。これは1972年の時点では真実だったかもしれない。しかし20年後の1992年には、もはや真実ではなくなっていた。

20年が経過して出版された1992年の『限界を超えて』では、新たな重大な発見が展開されている。そこでは、「人類はすでに、地球の能力の限界を超えてしまった」と表現されている。熱帯雨林が持続可能ではない勢いで伐採されている。穀物生産量は、もはや人口増加についていけない。気候が温暖化している。オゾンホールが現れ始めた。また、「世界は行き過ぎの段階に入っている」とも述べている。世界の人口ひとり当たりの穀物生産量は、1980年代半ばにピーク

に達した。水や化石燃料を求めて緊張が高まり、衝突さえ生じている。人間活動が地球の気候を変動させつつある。一方、温暖化が経済に影響し、経済が温暖化にも影響を与えることも明らかになってきた。さらに、温暖化が軍事衝突にとっても重要な要因になることが論じられている。

『限界を超えて』が出版されて10年以上経過して、この本『成長の限界——人間の選択』が書かれた。著者は次のように述べている。「21世紀に実際になにが起こるかという予測をするために本書を書いたのではない。21世紀がどのように展開しうるか、10通りの絵を示しているのだ。そうすることで、読者が学び、振り返り、自分自身の選択をしてほしい、と願っている」。

この本は、昔の『成長の限界』が出版され30年たった今、最新のデータを基に「この30年間、人間と地球との関係はどうなってきたのか」、「いまの地球はどういう状態か」を分析し、「どうすれば崩壊せずに、持続可能な社会に移行できるのか」を熱く訴えている。地球と人間の来し方行く末を語る貴重な冊子である。

訳者は、起承転結をもってこの本を紹介している。どこから読んでもかまわないという。一番気になるところから読んでくれという。その起承転結とは次のとおりである。

□起（第1～2章）
　地球環境の危機を招くさまざまな「行き過ぎ」の構造的な原因と、行き過ぎをもたらしている人口と経済の幾何級数的な成長を考える。

□承（第3～4章）
　人口と経済にとっての限界——地球が資源を供給し、排出物を吸収する「供給源」と「吸収源」

の現状を把握し、「なにもしなかった場合」にどうなるかシミュレーションを見る。

□心の箸休め（第5章）

私たちに希望を抱かせるオゾン層の物語——人間はいかに行き過ぎから引き返したか。

□転（第6章）

「なにもしなかった場合」に「市場」と「技術」という人間のすばらしい対応能力が発揮された場合のシミュレーションを見る。市場と技術だけでは「有効だがそれだけでは十分ではない」ことがわかる。

□結（第7〜8章）

市場と技術に加えて、世界が子供の数と物質消費量に「足るを知る」ようになったとき、どうなるかを見る。人間は、崩壊を避けて行き過ぎからもどり、持続可能な社会が実現する！　さらに、農業革命と産業革命につづく「持続可能革命」が求められている歴史的な必然性と、私たちひとりひとりに必要な「ビジョンを描くこと」「ネットワークをつくること」「真実を語ること」「学ぶこと」「慈しむこと」について語る。

起（第1〜2章）に関しては、すでにこれまでにレスター・ブラウンが多くの著をなし、IPCC（気候変動に関する政府間パネル）が数多くの学者を動員し、膨大な詳細な資料を世に問うた。このことは、衆目の一致するところである。

承（第3〜4章）に関しては、ジェームス・ラブロックが万事の源ともとれる『地球生命圏——ガイアの科学』（171ページ参照）を著し、生きている地球の概念を広く披瀝した。

心の箸休め（第5章）に関しては、シーア・コルボーンがフロンによるオゾン層破壊の研究の歴史と、これに関係した人びとの人間模様を示した名著『オゾン・クライシス』に詳しい。転（第6章）に関しては、最近レスター・ブラウンがまとめた『エコ・エコノミー』（135ページ参照）、『エコ・エコノミー時代の地球を語る』（211ページ参照）や『プランB——エコ・エコノミーをめざして』（229ページ参照）が詳しい。

結（第7～8章）に関しては、古くは孔子の論語や仏教の教えにもある。また環境倫理の思考は、すでにわが国では古神道に見られるが、近代の思想としては、土地倫理を唱えたアルド・レオポルドの『野生のうたが聞こえる』が圧巻であろう。

このように、本書を含め多くの書に多くの嘉言があふれている。冒頭に吉田松陰の言葉を記した所以である。

この書で注目されることのひとつは、第8章の「農業革命と産業革命の歴史に学ぶ」であろう。農業が始まり、その後農民は定住した。定住は人間の考え方や社会の形を変えた。土地を所有することに意味が生まれた。蓄積の習慣ができ貧富の差が生じた。農業革命が起き、人類は大きな前進をみた。

その結果人口が増加した。そのため新たな不足が生まれた。土地とエネルギーである。この過程で技術と商業は、人間社会においての地位が高まった。こうして産業革命が始まった。こんな社会構造のなかでわれらは生きている。この枠組みを越えた考え方ができにくい。宗教や倫理をも凌駕した。

信じられないほど生産性が高まった。先進国においては、満足できる品物が溢れている。極地から熱帯、山頂から海底にいたるまで環境資源は搾取された。産業革命の成功は成功した。環境資源の不足である。産業革命の成功に不足が生じたように、産業革命の成功の後にも不足が生じた。

農業革命は、地球環境が生産する利子で賄われてきた。産業革命の成功は、地球環境の元金とこの元金の使いつぶしで賄われてきたといえば、言い過ぎであろうか。著者は、これを「エコロジカル・フットプリントは、再び、持続可能な線を越えてしまった」と表現する。

当然のことながら次の革命が必要になってきた。著者はこれを「持続可能性革命」と呼ぶ。徳川時代に長州の田舎侍が、美女（浜美枝）を救うボンドの紫外線拳銃を創造できなかったように、いまの時点で、持続可能性革命がどんな世界を生み出すかは誰にも語れない。地球規模でのパラダイム・シフトを起こす方法をも誰も知らない。

著者は、この大きな革命に密接につながるふたつの特性と、5つのツールを説明する。革命の鍵を握っているのは、情報とツールである。訳者も紹介しているが、5つのツールは、「ビジョンを描くこと」、「ネットワークをつくること」、「真実を語ること」、「学ぶこと」、「役に立つ」そして「慈しむこと」。

宮沢賢治は『農民芸術概論』のなかで語った。「世界がぜんたい幸福にならないうちは個人の幸福はありえない」と。このことは「成長の限界」でも言えることであろう。世界（地球）・大陸・国・地域・組織・家庭・個人は、世界がどのように変動しようとも常にその時代のある種のシステムで繋がっている。個人が、家庭が、組織が「成長の限界」を認識し、行動をとらなければ、この問題は解決をみないのである。とくに組織が「成長の限界」をどのように認識し、克服の

文明崩壊──滅亡と存続の命運を分けるもの（上・下）

ジャレド・ダイアモンド著　楡木浩一訳

草思社　2005年　2100円（433ページ　B6判）
ISBN: 9784794214652（4794214650）

ための行動をとるか。今後すべての組織にとって避けて通れない課題であろう。もはやバブルはない。

かつて、成長の限界は遠い将来の話だった。かつて、崩壊という概念は考えられなかった。現在では、成長の限界があちこちで明らかになりつつある。かつて、崩壊という概念は仮説的な学術的概念ではあるが、人びとの会話や文章に現れている。行き過ぎの結果が誰の目にも明らかになるには、もう10年かかるという。行き過ぎたという事実が一般的に認められるには20年かかるという。どうやら、われわれに残された時間は短いようだ。

この本を紹介する前に、わが国で1957年および1988年前に出版された2冊の本を紹介しておかなければならない。ひとつは、デールとカーターが書いた『世界文明の盛衰と土壌』である。なお、この本は、1995年に『土と文明』と題して改題・改訂出版されている（原題はいずれも『Topsoil

『世界文明の盛衰と土壌』の序文の冒頭は、次の文章ではじまる。「文明の進歩とともに、人間は多くの技術を学んだが、自己の食糧の拠りどころを保存することを学んだ者はごく稀であった。逆説的にいえば、人間のすばらしい偉業は文明没落の最も重要な要素であったのである。文明の崩壊が、土壌の崩壊と共にあったことを多くの例を引いて解説する。

改題・改訂された『土と文明』の方がよりわかり易い。「文明の進歩とともに、人間は多くの技能を身につけたが、己の食料の重要な拠りどころである土壌を保全することを習得した者は稀であった。逆説的にいえば、人類の最もすばらしい偉業は、己の文明の宿っていた天然資源を破壊に導くのがつねであった」。

セイモアーとジラルデットが著した『遥かなる楽園』が、2冊目である。著者は「第1章 人類とその影響」の中で次のように語る。

「当時は気がついていなかったが、いま私は、我々は土の生きものなのだ。もし海洋のプランクトンも陸上の土壌と同じとするならば、我々の体を構成する全てのものは土壌からきたものなのである。たとえ科学者が石油や天然ガスから食べられるものを造り出し得たとしても、石油も天然ガスも遠い昔の土の産物である以上、我々はやはり土の生物なのである。人類はまだ光合成に成功していないし、そうなる見通しも立っていない。そう考えれば、足下の大地が流れさってしまうのを見るのは身

and Civilization』)。

の毛のよだつ思いである」。いま、世界中で土壌の荒廃が、恐るべき速度で進行している。それは文明と人びとの荒廃でなくてなんであろうか。それがこの本の主題だ。

この2冊の書から世界の歴史を顧みると、土壌の崩壊が文明の崩壊であったことが解る。あの知的なすばらしいギリシャ人が、彼らの文明をさらに可能にしたとおもわれる土壌保全にその努力を向けなかったことは、歴史の悲劇ともいえる。ギリシャ人のような輝かしい民族が、なぜ30～40世代という短い期間に没落したのであろうか。彼らも、ほかの民族と同じように農業に糊口の道を依存していた。

しかし、人口が増加したため作物生産を増大させ、それによって地力を収奪し、土壌侵食を助長する商品作物の需要が急速化したため、土壌資源が枯渇し生態系の破壊が進んだ。ギリシャの力が強かった時代は、それでも植民地の土壌を借用してその繁栄を維持できたが、その植民地をどこかの国に奪われると、ギリシャ文明は急速に没落の一途をたどることになる。このことは、文明の進歩の限界は、自然からの土壌資源の収奪の上限であることを示唆している。

ギリシャの土壌が失われるであろう懸念は、プラトンの本『クリティアス』にも書かれているという。アッチカの森林伐採と農耕の影響に関する彼の記述は、今日でもわれわれの心をうつほどの強烈な文章だ。「我々の土地は他のどの土地よりも肥沃だった。だからこそ、あの時代に農耕作業を免除された大勢の人を養うことができたのである。その土地の肥沃さは、今日我々に残されている土地でさえ、作物を豊かに実らせ、あらゆる家畜のために豊かな牧草を育てる点で他に引けをとらないことからも明らかである。そして当時は質に加えて量もまた豊富だった。小さな

274

島でよく見掛けることだが、肥沃な柔らかい地面はことごとく流出して、病人の痩せ細った体のように痩せた土地の骨格だけが残っている。」

ローマの文明も同じように土壌の崩壊だった。メソポタミア文明の衰退も、塩分蓄積による土壌の劣化だ。シュメールの土壌の塩分上昇は、人類史上はじめての化学物質による汚染といえるかもしれない。レバノンの顛末もミノスに似ている。シリアの文明は、地力の消耗と土壌侵食によって崩壊したといわれている。

このように世界の文明の盛衰は、土壌ときわめて深くかかわりあっている。文明が輝かしいものであればあるほど、その文明の存在は短かった場合が多い。

さて、前書きが長くなりすぎた。紹介する「文明崩壊」の本のことである。詳しくは後述するとして、前の2冊の本と似たような表現をしてみよう。著者のダイアモンドは「最終(16)章 世界はひとつの干拓地」の中で、次のような驚くべき事実を見せつける。

「アメリカで最大級の農業生産力を持つアイオワ州は、過去150年間の侵食によって表土の半分近くを失った。この前アイオワへ行ったとき、わたしは、目で見てわかる劇的な実例としてある教会の敷地を見せられた。19世紀に、農地の真ん中に立てられたその教会は、以後もずっと教会として維持され、周囲の農地はずっと耕作に使われてきた。農地のほうが教会の敷地よりはるかに急速に侵食された結果、現在、教会の敷地は緑の海に浮かぶ島のように、周囲の農地から3メートルほど高くなっている。」49年前のデールとカーターの警告は、一体なんだったのであろうか。デールとカーターは、アメリカの土壌保全局の職員だったにもかかわらず。彼らの冒頭の

言葉は、皮肉にも今も生きている。

ちなみに、土壌が生成されるのにどれほどの歳月がかかるのであろうか。土壌の種類によって様々だが、土壌は1年に0.1ミリしか生成されない。1センチの土壌が生成されるのに少なくとも100年の歳月が必要なのだ。われわれ人間は、天地すなわち土壌と大気はいつまでも不変だと思っているのだろうか。

この本は4部からなる。第1部は環境問題と人口問題をかかえる現代の先進世界に属するアメリカのモンタナを紹介し、遠い過去の環境が破壊された社会の出来事を想起し、いつか崩壊するであろうモンタナに想像を巡らす。

第2部は、崩壊した過去の社会であるイースター島、ポリネシア人が住み着いたピトケアン島とヘンダーソン島、アメリカ先住民のアナサジ族、消えた都市マヤ、先史時代のノルウェー領グリーンランドの崩壊が語られる。

なお、この第2部の第9章では「存続への二本の道筋」と題して、わが国の徳川幕府と農民の話、すなわち、この江戸時代トップダウン方式でいかに森林伐採が防止され、社会が崩壊から免れたかが存続の成功例として紹介される。

第3部は再び現在だ。際だった違いをもつ4つの国が取り上げられる。第三世界でどうにか存続しているドミニカ共和国、先進国に駆け足で追いつこうとしたルワンダの地、第三世界で惨事が起こっ

276

うとしている巨人国の中国、先進国の一社会であるオーストラリアの国々だ。ルワンダは、過剰な人口をかかえた国土が血に洗われる形で崩壊したことが書かれる。人口増大、環境破壊、気候変動の3要素が爆発物を形成し、民族抗争が導火線となったようだ。ドミニカ共和国とハイチは、かつてのグリーンランドのノルウェー人社会とイヌイットのように、陰惨な対照をなしている。劣悪な独裁支配のなかで、ハイチは国という機能を停止してしまった。ドミニカ共和国には希望の兆しが見える。この本は、文明の崩壊が単に環境によってのみ決定されるのではないと説く。それが、ドミニカの指導者の決断の例で示される。

中国は、現在考えられる12種類の環境問題をすべて包括していると解説する。12の環境問題とは、森林伐採と植生破壊、土壌問題（侵食・塩類化・地力の劣化など）、水質資源管理問題、鳥獣の乱獲、魚介類の乱獲、外来種による在来種の駆逐・圧迫、人口増大、ひとり当たり環境侵害量の割合、人為的気候変動、蓄積有毒化学物質、エネルギー不足、地球の光合成能力の限界である。

オーストラリアは、先進国の中でも最も脆弱な環境をかかえ、それゆえに最も重篤な環境問題に直面している。「搾取されるオーストラリア」と題して現状と未来が語られる。

第4部は、「社会が破滅的な決断を下すのはなぜか？」「大企業と環境――異なる条件、異なる結末」および「世界はひとつの干拓地」の3章からなる結論の部分である。第3部までは、過去と現在における個別の社会について述べられてきたが、ここではまとめの形をとりながら、そこから一歩大きく飛躍し、未来への建設的で実践的な提言が語られる。

ここでは、過去および現在の社会が直面する特に深刻な「12の環境問題」が取り上げられる。
①自然の生息環境の破壊、②漁獲量消費、③生物多様性の減少、④土壌の崩壊。これらは、天然資源の破壊もしくは枯渇につながる。⑤エネルギー、⑥水不足、⑦光合成の限界値。これらは、天然資源の限界を意味する。⑧毒性化学物質の汚染、⑨外来種の導入、⑩オゾン層破壊・温暖化。これらは、われわれが活用あるいは発見した環境に悪影響を与える生物あるいは化学物質に由来する。⑪人口増加、⑫環境侵害量。これらは当然、人口の問題に関連することである。

また、ここでは倫理とか良心とかの観念論ではなく、環境保全に心を砕くことが企業の利益につながるように仕向けろとか、流通の鎖の中で、消費者の圧力にいちばん敏感な環をねらって圧力をかけろ、などと説くのである。したたかな実利主義である。文明崩壊の大危機を回避するには脳ではなく体に知らしむべしというのであろうか。

この項を書いているとき、フィリピンのレイテ島に大規模な地滑りが起こった。過去の文明が自らの環境を崩壊させる過程に、森林伐採、植生破壊、土壌問題、水資源管理問題、鳥獣の乱獲、魚介類の乱獲、外来種による在来種の駆逐・圧迫、人口増大などの要因があると、ダイアモンドはこの本のなかで指摘している。

2006年2月16日に起こったフィリピンのレイテ島の大規模地滑りをこの指摘から見れば、結局は過度の森林伐採が大規模な土壌侵食を誘発したのである。土壌侵食によって、一瞬にして村が消えたのだ。もう一度記そう。デールとカーターの言葉は、皮肉にも今も生きている。

漢の時代の劉向が「説宛」という書の「臣術」篇に、孔子の言った「土」に託する想いを記述している。

「為人下者、其犹土乎！　種之則五穀生焉、禽獣育焉、生人立焉、死人入焉、其多功而不言」

「人の下なるもの、それはなお土か！　これに種えれば、すなわち五穀を生じ、禽獣育ち、生ける人は立ち、死せる人は入り、その功多くて言いきれない」と読める。孔子はあまり自然を語っていないが、さすがに土壌の偉大さを熟知していた。

人間は、単に食物を食べるだけではない。われわれは大地をも食べている。土壌を酷使した結果、流亡や侵食などの作用によって裸地化した斜面から洗い流される土のひと粒ひと粒が、われわれの消費のありさまを示している。砂漠に変わってしまった森や草地はすべて、われわれの代謝作用の総合的な結果にほかならない。

聖賢はいみじくも言い得た。土壌の崩壊は文明の崩壊である。

フード・セキュリティー——だれが世界を養うのか

レスター・ブラウン著　福岡克也監訳

ワールドウォッチジャパン　2005年　2625円（352ページ　A5判）
ISBN: 9784948754225 (4948754226)

　かつて、ワシントン・ポスト紙はこの本の著者を「世界で最も影響力のある思想家」と評したことがある。この本を紹介している筆者は、1997年の第13回国際植物栄養科学会議で氏と招待講演を共にする機会に恵まれた。そのときの氏の出で立ちが忘れられない。壇上の氏は、蝶ネクタイにズック姿でその装いをきめていた。装いからも、なにか新しいタイプの思想家であり実践家を想起させられた。

　地球環境問題の分析を専門とする民間研究機関として、ワールドウォッチ研究所が設立されたのは1974年である。氏がこの研究所で1984年から発刊され始めた『地球白書』の執筆に専念したことは、有名な話である。地球の診断書とも言うべき『地球白書』は約30ヶ国語に翻訳され、世界の環境保全運動のバイブル的な存在になっていった。氏が世に問う書籍は世界を席巻する。

　氏の思想は、人口の安定と気候の安定のふたつに集約できる。食糧の増産は、土地の劣化や水不足をもたらす。工業化の成功は、耕地面積の増大を要求する。食糧の増産と気候の安定のふたつに集約できる。過剰の人口増加は、食糧生産の

縮小と、多量の化石燃料の消費に転じる。

ワールドウォッチ研究所を退いたあと、氏はアースポリシー研究所を設立して所長に就任する。2001年の5月のことである。ここから世に問う書籍は、再び世界を席巻する。『エコ・エコノミー』『エコ・エコノミー時代の地球を語る』、『プランB─エコ・エコノミーをめざして』がそうである。今回の本は、これらに続く第4回目の作品で、食糧安全保障の問題である。

『エコ・エコノミー』では、「環境は経済の一部ではなく、経済が環境の一部なのだ」と述べ、多くの経済学者や企業の経営計画に携わる人びとの認識に疑問を投げかけた。そして、この「経済は環境の一部である」という考えに従うならば、経済（部分）を生態系（全体）に調和するものにしなくてはならない、と言う。

『エコ・エコノミー時代の地球を語る』では、「生態学的な赤字がもたらす経済的コスト」と題して、われわれは今、大きな「戦争」を闘っていると解説する。この闘いとは、「拡大する砂漠」と「海面上昇」である。さらに、「エコ・エコノミー」の構築に向けて、その進展状況を図る尺度として12の指標を選び、これらを解説する。

『プランB─エコ・エコノミーをめざして』では、経済の再構築についての議論が深められる。さらに、この作業が急を要する理由が説明される。昔の人びとは、地球の自然資源という資産から生じる利子で暮らしていた。しかし現在の私たちは、この資源（元金）そのものを消費して生活している。この自然の資源を崩壊・消耗する前に調整することが私たちの緊急課題なのであると解く。

さて、本書『フードセキュリティー』である。今世紀の世界の食糧需給予測がきわめて困難であることが強調される。世界中でみられる環境変動、すなわち「過剰揚水」、「過剰耕起」、「過放牧」、「乱獲」が、いずれも従来の「増産」トレンドを、突然に「減産」に転じさせるからである。21世紀の食糧生産戦線は突然に激変するわけで、確かな予測をすることが、かつてないほど困難な時代なのである。

このことを解説するため、第1章「地球の限界」へ突き進んだ「膨張の半世紀」と第2章 地球号の定員は70億人か、が費やされる。第3章から第7章は、過食、増産、砂漠化、水不足、温暖化と農業生産などの現実が具体的に提示される。

第8章 中国が世界の穀物を買い占める日では、中国の胃袋の脅威を、第9章 ブラジル農業への期待と環境不安では、はたして食糧安全保障に夢がもてるかを、第10章 グローバル・セキュリティーをめざしてでは、「消費量の削減」と「不足の時代」が語られる。

この本は、先の3冊を読むことによって、著者の考え方や洞察力がさらに深く理解されると思われる。このシリーズを読めば読むほど、われわれに残された時間は短い。

ASAHI ECO BOOKS 刊行書籍一覧

1 環境影響評価のすべて（国連大学出版局協力出版）

プラサッド・モダック　アシット・K・ビスワス／川瀬裕之　礒貝白日編訳

発展途上国が環境影響評価を実施するための理論書として国連大学が作成したこのテキストは、有明海の干拓堰、千葉県の三番瀬、長野県のダム、沖縄の海岸線埋め立てなどの日本の開発のあり方を見直すためにも有用。

ハードカバー上製本　A5版416ページ　定価2800円＋税

2 水によるセラピー

ヘンリー・デイヴィッド・ソロー／仙名 紀訳

古典的な名著『森の生活』のソローの心をもっとも動かしたのは水のある風景だった。

ハードカバー上製本　A5版176ページ　定価1200円＋税

3 山によるセラピー

ヘンリー・デイヴィッド・ソロー／仙名 紀訳

いま、なぜソローなのか？ 名作『森の生活』の著者の癒しのアンソロジー3部作、第2弾！

ハードカバー上製本　A5版176ページ　定価1200円＋税

4 水のリスクマネージメント （国連大学出版局協力出版）

ジューハ・I・ウィトォー　アシット・K・ビスワス編／深澤雅子訳

21世紀に直面するであろうきわめて重大な問題は水である──。発展途上国都市圏における水問題から、東京、関西地域における水質管理問題までを分析。

ハードカバー上製本　A5版272ページ　定価2500円＋税

5 風景によるセラピー

ヘンリー・デイヴィッド・ソロー／仙名　紀訳

こんな世の中だから、ソロー！『森の生活』のソローのアンソロジー。『セラピー（心を癒す）本』3部作完結編！

ハードカバー上製本　A5版272ページ　定価1800円＋税

6 アサヒビールの森人たち

礒貝　浩監修　教蓮孝匡著

「豊かさ」ってなに？ この本の『ヒューマン・ドキュメンタリー』は、この主題を「森で働く人たち」を通して問いかけている。

ハードカバー上製本　A5版288ページ　定価1800円＋税

7 熱帯雨林の知恵

スチュワート・A・シュレーゲル／仙名　紀訳

私たちは森の世話をするために生まれた！──フィリピン・ミンダナオ島の森の住人、ティドゥライ族の宇宙観に触れる一冊。

ハードカバー上製本　A5版352ページ　定価2000円＋税

8 国際水紛争事典 （国連大学出版局協力出版）

ヘザー・L・ビーチ　ジェシー・ハムナー　J・ジョセフ・ヒューイット　エディ・カウフマン　アンジャ・クルキ　ジョー・A・オッペンハイマー　アーロン・T・ウルフ共著／池座 剛　寺村ミシェル訳

水の質や量をめぐる世界各地の「越境的な水域抗争」につき、文献を包括的に検証。200以上の水域から収集された豊富なデータを提供する。

ハードカバー上製本　A5版256ページ　定価2500円＋税

9 環境問題を考えるヒント

水野 理

環境省勤務の著者が集めた「環境問題を考えるヒント」集。環境問題を根本から考えてみるときに、役立つ一冊。

ハードカバー上製本　A5版480ページ　定価3000円＋税

10 地球といっしょに「うまい！」をつくる

二葉幾久

アサヒビール社員による、環境保全型企業への地道な取り組みを追ったルポタージュ。本気で環境問題に取り組もうとしている人、企業に一読の価値あり。

ハードカバー上製本　A5版272ページ　定価1500円＋税

11 カナダの元祖・森人たち

写真と文と訳　あん・まくどなるど　礒貝 浩

カナダの森のなかに水俣病で苦しんでいる先住民たちがいる。彼らのナマの声を、豊富な写真とともに伝える一冊。【2004年カナダ首相出版賞受賞作品】

ハードカバー上製本　A5版448ページ　定価2000円＋税

12 いのちは創れない

池田和子　守分紀子　蟹江志保/（財）地球・人間環境フォーラム編　環境省自然環境局協力

かつてはどこにでもいた生きものたちや、むかしながらの景観が失われつつある―。「生物多様性」ってなんだろう？　その問いにこたえるべく、環境省の若きレンジャーたちが、日本の生きもの、そして日本の自然保護行政の歩みについて、わかりやすくかつ科学的にリポートする。

ハードカバー上製本　A5版288ページ　定価2095円＋税

13 森の名人ものがたり

森の"聞き書き甲子園"実行委員会事務局編／協力　林野庁、文部科学省、（社）国土緑化推進機構、NPO法人樹木・環境ネットワーク礒貝日月編

日本の山を守りのこしてきた名人たちの姿を、高校生たちが一所懸命に書きのこしました。

ハードカバー上製本　A5版336ページ　定価2200円＋税

14 環境歴史学入門　あん・まくどなるどの大学院講義録

日本における先駆的学問の入門書、登場!!　カナダ出身の才媛、あん・まくどなるどが大学院でおこなった講義録。人類誕生から現代まで、地球環境の変遷を紐とく。

ハードカバー上製本　A5版400ページ　定価2095円＋税

15 ホタル、こい！

阿部宣男／二葉幾久　編

困難とされるホタルの累代飼育に挑む、板橋区ホタル飼育施設の職員・阿部宣男氏。博士号取得論文としてまとめられたホタル研究の成果を、研究にまつわるさまざまなエピソードとともにお届けする。

ハードカバー上製本　A5版160ページ　定価1800円＋税

清水弘文堂書房の本の注文方法

■電話注文 03-3770-1922／046-804-2516 ■FAX注文 046-875-8401 ■Eメール注文 mail@shimizukobundo.com（いずれも送料300円注文主負担）■電話・FAX・Eメール以外で清水弘文堂書房の本をご注文いただく場合には、もよりの本屋さんにご注文いただくか、本の定価（消費税こみ）に送料300円を足した金額を郵便為替（為替口座 00260-3-59939 清水弘文堂書房）でお振りこみくだされば、確認後、一週間以内に郵送にてお送りいたします（郵便為替でご注文いただく場合には、振りこみ用紙に本の題名必記）。

地球の悲鳴　環境問題の本100選
ASAHI ECO BOOKS 16

発　　行　　　二〇〇七年三月三十一日　第一刷
著　者　　　陽　捷行
発行者　　　荻田　伍
発行所　　　アサヒビール株式会社
　　　　　　東京都墨田区吾妻橋一-二三-一
　　　　　　電話番号　〇三-五六〇八-五一一一
発売者　　　礒貝日月
編集発売　　株式会社清水弘文堂書房
住　　所　　《プチ・サロン》東京都目黒区大橋一-三-七-二〇七
電話番号　　《受注専用》〇三-三三七〇-一九二二
Eメール　　mail@shimizukobundo.com
ＨＰ　　　　http://shimizukobundo.com/
編集室　　　清水弘文堂書房葉山編集室
住　　所　　神奈川県三浦郡葉山町堀内八七〇-一〇
電話番号　　〇四六-八〇四-二五一六
ＦＡＸ　　　〇四六-八七五-八四〇一
印刷所　　　モリモト印刷株式会社

□乱丁・落丁本はおとりかえいたします□

Copyright©2007　Katsuyuki Minami　ISBN 978-4-87950-579-8 C0040